일본열도 핵전쟁

- 김정은의 '신의 한 수' -

정 진 호 저

星 山

목 차

저자 서문

개인이든 집단이든 "한(恨)"이란 것을 품게 되면 어떤 형태로던 분출 되게 되어 있다.

특히 우리 한(韓)민족에게 한(恨)이란, 마냥 속으로만 삭이고 삭이다 배출되지 못하고, 마침내 단단하게 눌어붙어 복잡한 응어리가 되어버린 것을, 이제 더 이상 손 쓸 수도 없이 심각한 상황에 이르게 된 우리 몸 안에 생긴 고질적인 증상을 말 한다. 딱히 진단도 되지 않으면서 인간을 서서히 파멸시키는 무서운 질환으로써 방치하기엔 너무 광범위하게 확산 되어 있고 그냥 유야무야 팔자려니 하고 넘어가기엔 세태가 심각하게 돌아가게 되자, 급기야 의학계에서는 울화가 치밀어 오른다는 새로운 병의 일종으로 '화병(火病 -Hwa-Byung)'이란 용어를 만들어 특별히 다루고 있다.

애당초 토속신앙에 뿌리를 둔 우리의 시대적 역사적 배경이 민초들 사이에 깊게 스며들면서, 도저히 인간의 능력으로 풀 수 없는 인간사적으로 질기게 엉켜 있는 고리들을 21세기 우주과학 시대임에도 불구하고 오히려 더 깊게 영향을 끼치면서 “불확실성의 시대”란 말로 합리화시켜 남녀노소, 지식인, 종교계까지 반신반의하면서 일상생활 되어 버렸고 이 매듭을 푼답시고 또 한 편에서는 “무속신앙”이란 하나의 직업군으로까지 발전되어 우리 주변에 널리 자리매김 하고 있다.

적절히 제어할 수 있는 부류에게는 별 일 없겠지만 불안해 지기 시작하고, 배신과 불균형, 악순환의 연속 그리고 극심한 피해를 경험한 이들에게는 하나의 “트라우마(trauma:충격적 경험)” 로 남아 보통사람, 집단, 국가들이 상상하기 어려운 방향으로 일을 벌이게 된다. 그 뿌리를 파고 들어가 보면 그 곳엔 역시 “한(恨)”이 깔려 있고 수 천 년 동안 모양만 조금씩 달라졌을 뿐 꾸준히 맥이 이어지고 있다.

원수를 꼭 갚아야 하는가. 종교의 말씀대로 원수를 사랑하면 안 되는가. 이른바 시쳇말로 하는 "상 남자"들은 원수는 갚아야 한다고 한다. 그 무게는 어느 정도 조절을 하드라도 완벽한 "상 남자"가 되기 위해서는 몇 백배, 천배의 앙갚음을 해야만 이름을 떨친다고 생각 한다. 이건 조직폭력배 무리들에서나 하는 삼류 시류의 얘기들이다. '북한 김정은'이 여기에 해당 된다.

김 씨 일가에는 "유훈(遺訓:죽은 사람이 남긴 훈계(訓戒)"으로 이어져 내려오는 것이 있다.

김정은의 고조부 때부터 면면히 흐르는 것이 있었으니, 이는 외부로 표출 되지 않았지만 "만주 벌판에서 북풍한설 찬바람을 온몸으로 버티면서 모질게 생명력을 이어온, 가문의 혼(魂) - 일본의 만행을 잊지 말자"이다.

김일성(김정은의 조부)은 북한을 공산화 한 후 절대 존엄으로 자신을 신격화하는 작업을 완성한 다음, 국내적으로 일제 잔재 청산을 제일 먼저 해 치웠다. 이어 일본을 응징 해 보려 했으나 동해와 대한해협이라는 바닷길을 넘어 큰 꿈을 실현하기에는 아직 역부족임을 깨닫고 일단 두 동강 나 있는 한반도를 통일시켜 국부를 육성 시킨 후 바다를 건너려는 꿈으로 전환 하였다.

1950년 6월 25일 기습 남침(남조선 해방 전쟁:북(北)의 한국전쟁을 일컫는 다른 호칭)을 시도 했으나 승자도 패자도 없이 전쟁이 끝나버려 그의 야망이 멈추는 듯 했으나, 이후 대폭 민족 대전략을 전환시키면서 아들 김정일에게는 선(先) 체제 구축과 강력한 국제관계 유지를 위해 믿을 수 없는 중국과 러시아와는 동등한 어깨를 겨루고, 미국과 일본을 견제하기 위해서 "미사일과 핵 및 생화학무기 개발"을 은밀히 지시하였다.

김일성 사후 김정일은, 대량살상무기(핵, 미사일, 생화학무기) 개발에 박차를 가하기 시작 한다.

경제개발에 집중하지 못해 인민배급을 중단하고 많은 아사자(餓死者)가 발생하는 고난의 기간이 있긴 했으나 그는 소망대로 대량살상무기 개발에 성공하게 된다. 부친의 유업을 완벽하게 완성 시킨 다음 지병으로 세상을 떠나면서 아들(김정은)에게 당부하였다. 무슨 일이 있어도 핵 및 미사일은 지속적으로 고도화, 정밀화, 소형화시켜서 주변국들이 감히 넘나보지 못하도록 하고 동시에 선대(김일성)가 못다 이룬 "일본공격"을 위한 국가전략을 차근차근 완수시켜 때가 되면 실행에 옮기라는 엄명을 하였다. 동시에 그동안 누구에게도 하지 못했든 뼈에 사무치는 말 한마디 - 내가 네 어머니 고용희(高容姬:일본 명 고영자)를 맞아 드린 것은 인품과 함께 일본을 알기 위함이다. 너무 큰 짐을 지워 미안타. 너는 할 수 있다. 며 용기를 북돋아 주었다. 또한 선대(김일성)의 원대한 업적으로 "재일교포의 귀환 추진(일명, 재일교포 북송:1955년~1967년, 88,000명)" 역시 같은 흐름이다. 아울러 나는 본시 일본식 요리를 좋아 하지 않지만 전속 요리사 "후지모토겐지(藤本建二)"를

13년간 옆에 둔 것 역시 같은 뜻이라고 했다.

김정은은 선친의 유훈을 가슴 속 깊이 새기면서 나름대로 국가 전략을 구상하게 된다.

집권 초기에는 고모(김경희)와 고모부(장성택)의 말을 양처럼 순응하면서 국가 대업을 위한 설계를 완성시켜 나갔다.

1차 쇄신 작업으로, 온 나라가 고모부의 시스템으로 돌아가고 있는 것을 청산시키고, 2차로 그 직계들을 청산 한 다음, 이복형 김정남까지 제거한 후 친위 충성세력으로 국가의 틀을 구축 해 나가고 있다. 완벽한 핵 보유 국가로써의 지위를 확보하기 위해 다양한 발사 실험을 진행시키는 동안 국제사회로부터 비난의 대상이 되고 미국 트럼프 정부와 UN의 제재로 인해 외화 조달에 심대한 타격을 입게 된다. 설상가상으로 중국의 비호를 받든 김정남이 제거됨에 따라 중국의 표정이 눈에 띄게 싸늘해 졌다는 점이다. 그럴수록 외화벌이에 더욱 독려를 가함으로써 임무 수행에 과부하가 걸린 충복 세력 집단에서 국가를 이탈하는 사태가 빈발하게 되었다, 잠시 체제수호에 집중하면서 내부 역량을 다시 한 번 다지는 휴식 기간을 갖게 된다.

북한 내 "전쟁 천재"들을 한 곳으로 모아 다양한 모의연습을 진행시키고, 국가조직체계 역시 전시전환이 쉽도록 변혁을 시키면서

D-Day(전쟁 개시 일자)를 검토하기 시작 한다.

미국과는 전략적 소통을 추진하고, 남한에 대해서는 계속 급박과 긴장감을 조성시키면서 중국과 러시아는 서로 경쟁적으로 북한을 짝사랑 할 수 있도록 이중전략을 구사하게 된다. 일본에 대해서는 평상심을 유지하면서 보통의 관계를 유지시킨다.

김정은은 자신의 약점을 너무나 잘 알고 있다. 막상 전쟁이 발발했을 때 전개될 전황의 모습이 잘 연상 되질 않고, 본인이 무엇을 해야만 하는지 개념 정립이 되어 있질 못하다는 점이다.

급기야 전쟁지도 세력들이 김정은에게 제안 한다. "전쟁 역사"를 끊임없이 반복해서 숙독해 달라는 것이다. 특히 일본의 전쟁사(태평양전쟁, 만주사변, 중일전쟁, 러일전쟁 등)를 많이 보고 미국의 히로시마, 나가사키 핵 투발과 일본 왕의 항복 선언에 이르는 과정을 관심 있게 봐달라는 주문을 하였다.

전쟁이란 결코 쉬운 것이 아니며 모든 게 불확실 하고 예측을 할 수 없을 뿐만 아니라 "반드시 승리 해야만 한다."는 절대적 결과를 낳아야 하고 그렇지 못했을 때는 100% 책임과 함께 민족의 궤멸이라는 엄중한 현실이 있다는 것을 파악하는데 그리 오랜 시간이 필요치 않았다. 점점 자신감이 떨어져 갈 때 쯤 북한 내부 사정이 최악의 상황을 맞게 된다.

극심한 경제난으로 민중봉기에 가까운 민란이 곳곳에서 벌어지고, 군부 핵심까지 국외 이탈이 이어지면서 선군정치에 금이 가 국가 지탱에 축이 흔들리기 시작했으며, 이복형 김정철의 피살 사실이 국내에 널리 퍼지면서 백두혈통으로써의 자질에 의문을 제기하는 기층민심이 통치 기반에 불신을 자아냄으로써, 흉흉한 민심을 일시에 잠재울 수 있는 획기적인 돌파구의 필요성이 급 대두되고 있었다. 더욱이 UN으로부터 '테러지원 국가'로의 재지정 등, 옥죄어 오는 국제사회의 압박으로 친교 관계인 중국과 러시아까지 몸을 사리는 모습이 눈에 띄게 나타남으로써 김정은의 입지가 점점 좁아지는 것을 느끼게 된다. 그간 뜸 했던 충복세력의 진심 어린 제언도 빈도가 잦아지고 있었다.

어차피 대 야망(大野望)이 기획되어 있는 것, 이참에 내우외환의 돌파구를 마련하자. "일본열도를 공격하자" 더 늦어지면 이것도 저것도 다 놓치게 되겠다. "전쟁 천재"들은 그간의 모의연습 결과를 종합해서 '극비보고'를 하였다.

- 기습만 달성하면 승산이 있다. -

필자의 집필 의도에는 어떻게든 핵전쟁을 막아보자. 악의 축(김정은 정권)과 대량살상무기를 제거 하자. 한 · 일 간에 긴밀한 정보교류를 하자. 그래서 동북아에 항구적인 평화체제를 구축해 보자는데 목적을 두고 있다. 본서의 제목을 보다 강력하게 자극적으로 표현한 것이나 본문에 중점을 둔 '가상전쟁 상황'은 어디까지나 일본의 전쟁 천재들이나 국민이, 마냥 평화체제에 흠뻑 젖어 전쟁을 망각하고 자만심에 젖어 있진 않나 하는 우려와 경고의 신호를 보내기 위한 것이다.

아울러 본서를 접하게 되는 독자들은, 본서의 주요 내용 중에 북한의 대량살상 무기가 일본열도를 겨냥하게 됨으로써 혹여 한국과는 전혀 무관 한 것으로 인식을 하게 되면 엄청난 오류를 범하게 된다는 것을 알아야 한다. 본서에서는 단지 일본열도를 가상만 했을 뿐, 김정은 군사집단의 군사전략은 어디까지나 "남조선 적화통일"에 초점이 맞춰 있다는 것을 잊지 말아야 한다.

본서의 구성은 제1부에는, 한반도와 일본열도 간에 얽힌 역사적 배경을, 제2부에는, 북한 김 씨 일족의 내면세계와 그들만의 꿈을, 제3부에는, 북한의 무모한 국정 운영이 국제사회에 미친 영향과 이에 따라 긴박하게 돌아가는 북한 주변의 안보환경을 다루었다. 제4부에는 북한 김정은 군사집단의 오판과 어쩔 수 없는 탈출구로써, 무모한 도전을 감행하게 되는 과정을 그렸고 제5부는 본서의 핵심으로써 김정은의 야망이 일본열도를 불바다로 만들게 되는 리얼한 "**21세기 핵전쟁 상황**"을 전개시켰다.

다시 한 번 강조 하지만 본서는, 知彼 知己 百戰 不殆, 不知彼 不知己 每戰 必殆(지피 지기 백전 불태, 부지피 부지기 매전 필태 : 적을 알고 나를 알면 백번 싸워 위태하지 않고, 적도 모르고 나도 모르면 매번 싸워 반드시 위태 하다.) 라는 "손자병법"의 가르침을 강조하고자 함에 있으며, 사사로운 감성에 얽매이지 않고 생물처럼 꿈틀거리는 국제관계 안보 현상을 동북아 안보환경에 고스란히 담고 싶었다.

그동안 본서를 접근하는데 용기를 준 선 후배 제현들에게 감사 올리며, 한국과 일본의 젊은이들에게 이제 이 책 한 권으로써 서로 허심탄회(虛心坦懷) 하게 탁 터놓고 가슴을 열어, 슬기롭고 평화로운 미래를 함께 개척해 나가는 화합의 계기가 되기를 기대한다.

2017년 04월

정 진 호

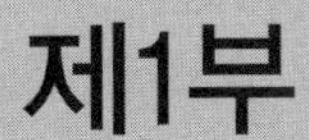

역사적 필연

제1장 일본의 한반도 침탈

역사적 배경 개요

한반도의 근대사는 한마디로 고뇌와 시련의 연속이었다.

임진 · 병자의 양란을 겪으면서 조선 사회는 완전히 폐허화되고 백성들은 도탄에 빠지게 되었다. 일부 위정자 및 실학자들 사이에서 기울어가는 조선 왕조를 바로잡기 위해 활발한 노력을 기우렸으나 여전히 정치적 불안과 사회적 혼란의 악순환이 계속되는 가운데 서세동점(西勢東漸)의 19세기를 맞이하게 된다.

운양호 사건(雲揚號:1895년 9월 20일 일본군 군함이 강화해협에 불법 침입으로 발생한 한일 간 포격사건)을 계기로 1876년 조선은 마침내 강력한 군사력을 앞세운 일본의 요구에 문호를 개방하게 되었다. 조선이 다른 나라도 아닌 일본에게 문호를 열고 그들의 세력을 받아들이지 않을 수 없었던 데에서 한국 근대사의 비극은 시작되었다.

개항 후의 변화된 상황에 적응하고 전통적인 사회체제에서 탈피하여 근대적 사회 체제를 구축하려는 급진적인 근대화 운동이 개화사상과 그 운동으로 나타나게 되었다.

이에 대한 역작용으로 일체의 외세를 배격하며 쇄국양이(鎖國洋夷)를 주장하는 위정척사(衛正斥邪:서구 열강의 침입에 대항하여 전통 문화와 전통 사회를 수호하려는 자기 보존의 논리) 사상과 그 운동이 뒤따랐다.

그러나 개화사상과 그 운동은 근대 지향성을 강하게 가지고 있었으나 외세에 의존하면서까지 근대화를 해야 한다는 오도된 근대화 의식 내지는 자주성 상실이라는 결정적인 약점을 가지고 있었고, 위정척사 사상은 외세를 배척하는 민족주체성은 강했지만 국제정세에 눈이 어두운 시대착오적인 사상으로서 근대성 부재라는 결점을 가지고 있었다. 결국 두 사상과 운동 모두 민족의 자주적 근대화를 추진해야만 했던 19세기 후반기에 우리 민족의 활로가 될 수는 없었다. 이 때 출현한 것이 동학사상과 운동이다. 이것은 외세를 강력히 배척함으로써 민족 주체성도 강했고, 전근대적인 전통 체제를 부정함으로써 근대 저항성이 강한 일면을 보인 사상과 운동이었으나, 외세를 배척하는 주체성 때문에 일본군에 의해 격파되었고, 전통체제를 부정하는 근대 지향성 때문에 외세와 결탁한 무능한 전통체제에 의하여 탄압됨으로써 실패하고 말았다. 동학사상과 운동의 실패는 19세기 한국사의 실패를 뜻한다 해도 과언은 아니다.

이러한 자생적인 근대화운동이 좌절됨으로써 결국 19세기의 한국

사회는 자율성이 제한된 근대화의 길을 가야 했다.

따라서 갑오개혁, 광무개혁, 독립협회 활동과 애국계몽 운동, 의병운동 등을 통하여 기울어진 국운을 바로잡고 근대적인 민족국가를 건설하려 했지만, 민족의 역량을 모두 결집할 수 있는 개혁이 불가능하였고 남정네들의 그 알량한 자존심 때문에 결국 조선은 식민지로 전락하고 말았다.

선사시대 ~ 고대 한 · 일 관계

ㅁ한반도와 일본열도 사이에는 고대로부터 사람들의 왕래가 있어 왔다.

ㅁ한반도에서는 60만 년 전부터, 일본열도에서는 3만 년 전 경부터 인류가 살기 시작했다고 한다.

ㅁ한 시기에는 한반도와 일본열도가 연결되어 있었다는 연구도 나와 있다.

ㅁ구석기시대 유물 중에는 창끝에 부착해서 사용하는 박편첨두기(剝片尖頭)와 나무나 뼈에 장착해 사용하는 세석도(細石刀) 등의 수렵도구가 양국에서 동시에 출토되고 있다.

ㅁ신석기시대 패총(貝塚)에서 출토되는 원양어업을 위한 결합식 낚시침(結合式釣針)이 양국에서 출토되고 있다.

ㅁ벼농사, 청동기의 동검이나 동탁, 철기를 수반하는 야요이문화(彌生文化)는 주로 한반도로부터 건너온 도래인(渡來人:5세기에서 6세기 중반, 중국대륙이나 한반도에서 일본열도로 건너간 사람-선진문물을 일본에 전파)들에 의해 만들어진 것으로 추정되고 있다.

- ㅁ2세기 후반에는 선진 철공기술을 지닌 집단이 여러 번에 걸쳐 한반도에서 일본으로 건너갔고, 왜(倭)세력들이 세운 야마토 정권(大和政權)은 한반도 남부에서 생산되는 철 자원을 공급받고 철공 기술을 받아들여 일본에서 세력을 확대해 갔다.
- ㅁ4세기 후반에 야마토 정권은 백제와 국교를 맺었고, 이때 백제로부터 칠지도(七支刀:백제왕이 왜왕 지에게 하사한 칼로서 칼 몸에 돌출된 여섯 개의 곁가지 칼날)가 일본으로 전래되었다.
- ㅁ5세기 전반에 야마토 정권은 백제의 대 고구려 정책에 협력해 군사력을 파견했다.
- ㅁ562년 이후에는 가야의 여러 지방이 신라의 지배하에 들어감에 따라 왜의 세력은 한반도에서 전면적으로 후퇴하게 되었다.
- ㅁ5세기 중엽부터 농민을 중심으로 하는 하다씨(奏氏) 집단과 수공업 기술자를 중심으로 하는 아야씨(漢氏) 집단 등이 한반도 남부로부터 서 일본 각지로 건너가 조, 보리, 콩 등을 주로 하는 농업기술과 양질의 도기(陶器) 생산기술을 전해 주었다.
- ㅁ6 ~ 7세기가 되어 도래인 중의 유력자들은 일정의 정치적 지위를 세습하는 유력 호족(재산이 많고 세력이 강한 일족)이 되었다.
- ㅁ6세기 전반에는 고구려와 대립하고 있던 백제로부터 야마토 조정의 협력을 이끌어 내기 위해 외교 일환으로서 여러 박사(博士)들이 일본에 파견되어 처음으로 불교와 유교, 한자, 의학, 약학, 역학(易學), 천문학 등을 전해줌으로써 일본의 고대국가와 아스카문화(飛鳥文化)의 형성에 큰 역할을 했음은 잘 알려져 있다.

ㅁ6세기 전반에 중국의 수(隋)와 대립하고 있던 고구려로부터도 승려 혜자(慧慈)가 일본의 가장 오래된 사찰인 아스카데라(飛鳥寺)에 파견되어 쇼토쿠태자(聖德太子)의 스승이 되었고, 일본에 종이와 먹의 제조법을 전한 것으로 알려진 담징(曇徵)도 고구려에서 일본으로 건너갔다.

ㅁ7세기 전반에 신라 역시 전략상 야마토 조정과 접촉을 강화 해 일본에 사절을 파견 했으며, 일본에서 당(唐)으로 건너간 유학생들은 자주 신라 선박을 이용했다.

ㅁ660년대에는 신라와 당의 연합군에 의해 백제와 고구려가 잇달아서 패망했다. 야마토 조정은 백제에 구원군을 보냈으나 백촌강(白村江)전투에서 패퇴했다. 이후 신라와 야마토 조정의 외교는 한때 단절되었다.

ㅁ8세기 초 양국 간에 다시 사절 파견이 재개되었고, 일본의 견당사(遣唐使: 중국의 선진기술, 북교 경전 등 수집 목적으로 일본에서 당에 파견한 사절) 왕래가 중단 된(당 패망 무렵) 시기였기 때문에 일본의 율령국가(律令國家:천왕 중심 중앙집권적 정치기구 구축을 위한 형법과 행정조직으로 백성의 조세, 노역관리 복무를 규정)의 완성에 신라는 중요한 역할을 했다. 또한 한일간 에는 장보고의 활약으로 민간인에 의한 교역이 활발하게 이루어졌다.

ㅁ8세기 초 고구려 유민이 건국한 발해(渤海)도 신라와 당의 대립 가운데서 일본과 교류가 이루어져, 사절 교환과 활발한 무역이 이루어 졌으며, 발해 일본 문인들 사이에 한시(漢詩)를 교환하는 등 다양한 교류가 있었다.

ㅁ668년 고구려 멸망을 전후해서 일본으로 건너간 고구려 왕족 약광(若光)을, 도쿄 서부지역인 사이타마현(埼玉縣) 히타카시(日高市)에 위치한 고마

신사(高麗神社)에 주 제신(主祭神)으로 모시고 있다.

ㅁ716년 일본 중앙정부가 중부지역과 간토(關東)지역에 살고 있던 고구려인을 이 지역으로 이주시키고 고마군(高麗郡)을 개척했을 때 지도자로서 활약한 인물이다.

고마신사는 약광의 후손들이 대대로 신사의 책임자인 궁사를 맡고 있다. 인근에는 고마씨(高麗氏)의 보리사(菩提寺)인 쇼텐인(聖天院)과 약광의 묘인 고려왕 묘(高麗王廟)가 있다.

중세 ~ 근대 한 · 일 관계

ㅁ920년 고려는 일본에 국교 수립을 요청했고, 1019년 여진족 침입 시 근해에서 여진족의 포로가 되었던 일본인을 보호한 뒤 이들을 송환 하면서 국교를 요청했으나 일본은 응하지 않았다. 그러나 고려와 일본의 상인들은 여전히 적극적으로 상호무역을 하고 있었다.

ㅁ1274년, 1281년, 고려는 두 번에 걸친 여몽 연합군의 일원으로 일본 원정에 나섰으나 태풍으로 실패로 끝이 났다. 이로 인해 고려와 일본은 단절 상태가 되었고, 무역에 의존하고 있던 규슈((九州)와 세토나이카이(瀨戶內海) 연안의 영주들과 농어민에 의한 한반도에서의 해적 행위가 늘어나게 되었고, 이들이 바로 왜구(倭寇)들이다.

ㅁ1370 ~ 80년경에 왜구는 급격하게 늘어났다. 고려와 조선 정부는 왜구 정벌과 함께 무로마치막부(室町幕府)와 서일본의 영주들에게 왜구 단속을 요청했고,

ㅁ1404. 조선과 무로마치막부 사이에 국교가 수립되어 양국 선린외교가 시작되었다.

ㅁ1419. 6. 대마도정벌(對馬島征伐) : 세종 1년 이종무를 삼군도체찰사(三軍都體察使)로 임명하여 정벌한 일을 말한다. 이 해가 기해년이었으므로 일명, 기해정벌(己亥征伐)이라고도 한다. 대마도는 조선과 일본 사이에 위치하여 중개 역할을 하는 특수한 사정도 있거니와, 원래 토지가 협소하고 척박하여 식량을 외부에서 충당해서 생활하여야 하므로 고려 말부터 밀접한 관계를 유지하며 조공(朝貢)의 형식을 취하여 그 대가로 미곡(米穀)을 받아 갔으며, 조정에서도 그들을 회유하기 위하여 대마도를 우대하였다. 그러나 대마도에 기근이 심할 때면 그들은 해적으로 돌변하여 해안을 약탈하므로 조정에서는 군사를 일으켜 이를 정벌하였다.

1. **1389년(창왕 1년) 1월에 박위(朴葳)가 병선 100척을 이끌고 대마도를 공격하여 왜선 300척을 불사르고 노사태(盧舍殆)를 진멸(殄滅:무찔러 모조리 없애 버림)하여 고려의 민간인 포로 남녀 100명을 찾아 왔다.**
2. **1396년(태조 5년) 12월 문하우정승 김사형이 오도병마처치사가 되어 대마도를 정벌하였다.**
3. **1419년(세종 1년) 6월에 다시 대마도를 정벌하였다. 1418년(태종 18년) 대마도 도주(島主) 소 사다시게가 죽고 아들 소 사다모리가 뒤를 이었는데 대마도에 흉년이 들어 식량이 부족하게 되자 왜구는 대거 명나라 해안으로 향하던 중, 비인현(庇仁縣:舒川) 도두음곶과 해주 해안을 약탈하였다. 조선에서는 왜구의 창궐과 행패가 새 도주 소 사다모리의 선동에 의한 것이라 하여 이종무를 삼군도체찰사로 우 박 이**

숙묘, 황의를 중군절제사, 유습을 좌군도절제사, 박 초, 박 실을 좌군절제사, 이지실을 우군도절제사, 김을지, 이순몽을 우군절제사, 도합9절제사에게 삼남(三南)의 병선 227척, 병사 1,7000을 주고 마산포를 출발하여 대마도로 진격시켰다. 당시 일본에서는 구주(九州)의 제후를 총동원하여 대마도를 방어하게 하였으므로 원정군은 대마도 전체를 토벌할 수 없었으나, 그들에게 큰 타격을 주고 그해 6월 회군하였다.

ㅁ1443. 계해조약(癸亥條約 : 일본에서는 가키스조약〈嘉吉條約〉이라고 한다. 쓰시마 도주〈對馬島主〉 소 사다모리〈宗貞盛〉와 조선 정부와의 사이에 맺어진 조일 통교조약. 소씨는 매년 선박 50척을 조선에 파견할 수 있고, 그에게 매년 쌀과 콩 등 200석을 보낼 수 있다고 규정되어 있다.)이 맺어져 150년간 연간 200척의 무역선이 양국을 왕래했다. - 조선의 면포(綿布)와 일본의 동(銅)을 중심으로 교역이 이루어져 양국 경제에 큰 영향을 끼쳤다. 또한 고려대장경과 불상, 불화(佛畵), 종(鐘) 등도 대량으로 일본에 들어갔고, 수묵화의 교류와 다기 등도 수출되어 활발한 문화 교류가 이루어진 시기이다. 그러나 무로마치 시대 말기에 또 왜구가 발생함으로써 양국관계가 단절되게 된다.

ㅁ1592. 일본열도의 전국시대(戰國時代)를 통일한 도요토미 히데요시는 열도 전란의 와중에서 몰락한 제후와 무사들의 불만과 동요를 배출시킬 통로로써 조선 침략을 선택하여 국내 분위기를 전환하려 했다. 조선은 200여년에 이르는 평화를 누려오는 동안 붕당(朋黨: 동인과 서인의 갈등)의 폐해가 심했고, 군비가 허술했으며, 군비로 들어온 세금을 유용하는 등 조정 시책에 난맥이 들어나고 있었다. 율곡 이 이(栗谷 李珥)가 10만의 군사를

양성하여 만일의 사태에 대비해야 한다고 역설했지만, 민심을 어지럽게 하려 한다는 빈축만 샀을 뿐 그의 말에 귀를 기울이려 하지 않았다. (임진 왜란 : 선조 25년)

1. 4.13. **해 질 무렵 병선 수백 척이 부산 가덕도(加德島) 앞바다를 새까맣게 뒤덮고 있었다.**
2. 4.14 .**부산,** 4.15. **동래전투에서 승리를 한 후 북진하여,**
3. 5.3. **불과 20만에 서울을 점령 하였다. 이 때 선조는 직접 말을 몰고 의주로 피난길에 올랐다.**
4. **4월부터 9월에 걸친 의병은 들불처럼 번져 경상도 의령에서 홍의장군(紅衣將軍) 곽재우가, 합천에서 정인홍, 고령에서 김 면이, 전라도 광주에서 김덕령, 담양에서 고경명, 나주에서 김천일이, 충청도 옥천에서 조헌이, 경기도 강화에서 우성전, 수원에서 홍원수가, 강원도 금강산에서 사면대사가, 황해도 봉산에서 김만수가, 평안도 묘향산에서 서산대사가, 목숨을 걸고 일으킴으로써 전국 일원에서 요원(燎原)의 불길처럼 확산되어 갔다. 의병은 일본군과 정면으로 맞서 치열한 격전을 벌여서 일본군들을 궁지로 몰아넣었다. 일본의 한 장수 다까하시(高橋主膳正)는 본국에 보내는 편지에 이렇게 적었다. →"돌이 물위에 뜨고 나뭇잎이 물에 가라앉는 일이 있다 하더라도, 이 나라 백성들이 일본의 통치에 복종하는 일은 결코 없을 것이다."**
5. **5월 초부터 8월 24일간에 벌어진 수군의 제해권 장악은 가물거리는 국운을 회생시키는데 결정적인 역할을 했다.**
6. **5월 초순에 이순신의 전라좌수군과 이억기의 전라우수군이 주축이**

된 연합수군이 옥포, 합포, 적진포 등에서 일본군 병선 40여 척을 격침시킨다.

7. 6월 초순에는 사천 앞바다, 당포, 율포, 당항포에서 70여 척 격침
8. 7월 초순부터 중순 사이에는 한산도 앞바다와 안골포에서 90여 척 격침, 특히 일본 수군이 총력을 기울인 한산도 앞바다 전투에서 와끼자까 야스하루(脇坂安治: 일본군 수군장)가 거느린 73 척의 선발 선단을 이순신, 이억기, 원균의 종합 선단 56척이 학익진 전법으로 남김없이 수장시킴 (한산도 대첩)
9. 연전연패에 당황한 도요토미는 수군장(水軍將)들에게 부산포에서 움직이지 말고 가능하면 조선 수군과 정 충돌은 피하라는 지시를 내린다.
10. 8.24. 이순신은 170여 척의 군선으로 일본군의 교두보인 부산포를 공격, 일본 병선 500여 척 중 130여 척을 파괴하는 대승을 거두었다. 이후 일본 수군은 감히 바다를 마음대로 다니지 못하고 조선 수군만 눈에 띄면 육지로 올라가 소극적인 저항을 벌일 뿐이었다.
11. 조선 수군이 연전연승하게 된 요인으로는 ① 화포(火砲)의 우수성과 ② 거북선의 활약을 들 수 있다. → 그러나 뭐니 뭐니 해도 결정적으로 기여한 것은 이순신의 탁월한 전략, 뛰어난 지휘 능력, 숭고한 애국애족 정신이었고 그를 충심으로 믿고 싸웠던 휘하 장졸들의 뭉쳐진 힘이었다.
12. 7월 하순부터 일방적으로 수세에 몰리던 조선군은 전세를 만회하기 시작했다.
13. 7월 초에 광주목사 권율이 진산 이치에서 고바야까와(小早川隆景)의

군을 대파하여 호남으로 넘어오려는 일본군의 기세를 꺾었고,

14. 9월에는 경상좌병사 박 진이 경주성을 탈환했으며, 황해도 연안성 전투에서는 4일간의 격전 끝에 구로다(黑田長政)의 일본군을 격퇴하였고, 함경도에서는 9월에 경성을 수복한 정문부의 의병이 12월에 이르러 다시 길주성을 공격하여 일본군을 남쪽으로 몰아냈다.

15. 10월에 진주성 전투(진주대첩)은 진주목사 김시민은 의병의 도움을 받아 2만여 명으로 7일간 혈투 끝에 일본군을 격퇴시켰다.→ 이 전투에서 왜장 하세가와(長谷川秀)는 진중에서 분사했고, 김시민도 적탄으로 인한 부상이 악화되어 며칠 뒤 세상을 뜨고 말았다.

16. 12월에 조선의 요청에 따라 명의 원군 45,000명이 압록강을 넘어왔다.

ㅁ1593. 1월 초 조 · 명 연합군은 4일간의 격전 끝에 평양성을 탈환하는데 성공했다. 이때 일본군은 치명타를 입고 남으로 퇴각했다. → 일본군은 개성을 거쳐 서울에 이르렀고, 평양에서 패전 소식이 들려오자 경기, 황해, 강원도에 있던 일본군들은 모두 서울로 몰려들었고, 도독(都督) 이여송(李如松)이 거느린 명군은 서울 근교 벽제관(碧蹄館)에서 참패를 당하고 난 뒤 평양까지 물러서서 사태를 관망하고 있었다.

ㅁ1593.2. 권율은 서울 수복을 위해 수원성에 머무르면서 1만여 명의 병력을 행주산성에 집결시켰다. 일본군은 서울에 병력을 집결시킨 후, 2월 12일 새벽 3만여 명으로 9차례에 걸쳐 행주산성을 공격하였으나 권율의 완강한 방어에 대패를 한 후 퇴각을 하였다. 권율은 퇴각하는 일본군을 추격하여 130여 명의 목을 베었다. 이 공로로 권율은 도원수(都元帥)가 되었다.(행주대첩)

□ 1593.4. 조선 측의 의사는 완전히 무시한 채 명과 일본 사이에 화의가 이루어졌다.

1. 4.18. **서울에서 철수한 일본군은 부산포 일대에 소수병력만 남기고 대부분 본국으로 돌아갔고, 명군도 요동으로 철수 했다.**
2. **휴전 상태는 4년 간 지속되었다.**

□ 1593.10. 선조는 서울을 떠난 지 1년 반 만에 다시 돌아 왔고 일본의 재침 준비와 전후 복구사업에 진력하고 있었다.

1. **전란이 휩쓸고 있는 동안 백성들이 겪은 고초는 차마 눈뜨고 볼 수 없을 지경이었다.**
2. **살아 있어도 죽는 것만 같지 못한 생지옥에서 헤매야 했다.**

□ 유성룡의 징비록(懲毖錄)에 이렇게 쓰여 있다. → 전 군수 남궁제를 감진관(監賑官)으로 삼아 솔잎을 따다가 가루를 만들어, 솔잎가루 10푼(分)에 쌀가루 한 홉을 섞어서 물에 타서 마시게 했으나 사람은 많고 곡식은 적어 건진 인명은 얼마 되지 않았다......큰비가 내리던 어느 날 밤, 주린 백성들이 주위로 몰려와 신음하는 소리는 차마 들을 수 없었는데, 아침에 일어나 보니 쓰러져 죽은 자가 즐비했다.

□ 1596.9. 명과 일본 사이에서 4년을 끌던 강화회담은 오오사까성(大阪城) 회담에서 결렬되고 말았다.

□ 1596. 12월부터 1597. 7월 사이에 14만여 명을 부산포에 상륙시켰고, 명나라에서는 55,000명의 병력을 보내 조선을 지원했다.(정유재란 : 선조 30년)

1. **8월 일본군은 남원 성을 함락시키고 이어 진주성을 점거한 뒤 나머지 병력을 모두 전주로 집결시켜 북으로 밀고 올라갔다.**

2. 9월 초에 남쪽으로 내려오고 있던 명군과 직산 북방 소사평에서 정면 격돌을 벌여 무참한 패배를 당했다. (직산대첩)
3. 9월 중순부터 남쪽으로 밀려나기 시작한 일본군은 울산, 양산, 창원, 고성, 사천, 순천, 등 남해안 일대에 성을 쌓아 놓고 지구전에 돌입할 태세를 갖추었다.
4. 7월 중순 이순신이 누명을 쓰고 하옥된 뒤, 후임으로 3도수군통제사의 자리에 오른 원 균이 거제도 앞 칠천양 해전에서 어처구니없는 참패를 당하자 권 율 휘하에서 백의종군(白衣從軍) 하고 있던 이순신을 다시 3도수군통제사로 임명하여 남해의 방비를 떠맡겼다.
5. 9월 14일 일본군은 133척의 대함대로 조선 수군의 마지막 명맥을 끊어 놓으려 진도 쪽으로 몰려왔다. 조선 수군은 겨우 12척, 이순신은 평소 신념이었던 '필생즉사, 필사즉생(必生則死 必死則生)'의 각오로 싸워 줄 것을 강조하였고, 울돌목(鳴梁)의 거센 조류를 이용하면서 적의 배 30여 척을 격침시키는 통쾌한 승리를 거두었다.
6. 9월 하순 일본군은 본국으로부터 급히 철수하라는 지시가 내려졌다. 침략의 원흉이었던 도요토미가 병으로 죽자 일본 내부의 정국이 불안해졌기 때문이다.
7. 11월 18일 한밤중에 이순신과 명의 도독(都督) 진린(陳璘)의 연합 함대는 시마즈(島津義弘)가 이끄는 500여 척의 대 함대와 노량(露梁)에서 격돌하였다. 이튿날 오후까지 계속되는 이 해전에서 적군은 200여 척의 배를 잃는 참담한 상처를 입고 가까스로 도망할 수 있었다.
→ 이 전투에서 이순신은 적의 탄환에 왼쪽 겨드랑이를 맞고 "싸움이

한창 급하니 내 죽음을 알리지 말라'는 말을 남긴 채 동이 훤히 터오는 남해 바다 위에서 오로지 충렬(忠烈) 하나만으로 일관했던 54년의 생애를 조용히 마쳤다.

ㅁ 임진왜란의 영향과 그 의미를 새겨보면,

1. 왜란의 영향은 ① 조선은 전 국토가 황폐화 되고 경복궁 등 문화재 소실 뿐만 아니라 탈취 당한 문화재도 10여 만점이나 되었다. 농경지 역시 1/3이상이 유실되었으며, 오랜 세월 동안 전쟁의 후유증과 악전고투를 거듭하지 않으면 안 되었다. ② 명은 약 20만의 군사를 조선에 출동시켜 상당한 인명을 잃어버리고 막대한 군사비 조달에 시달리던 중 '이자성'의 난 등 내부 반란과 국력의 쇠퇴로 북방의 여진족에게 멸망당하고 말았다. ③ 일본 역시 무리한 전쟁으로 국력이 소모되고 도요토미 히데요시가 63세 나이로 병사 하자 전국시대가 망하고 전쟁에 참가하지 않은 도쿠가와 이에야스(德川家康)가 정권을 물려받아 에도막부(江戶幕府) 시대가 변한다. 그러나 조선으로부터 첫째, 공예분야에서 도자기 제조 기술을 습득함으로서 비약적인 발달을 불러왔고, 둘째, 일본 중세의 학문 발달과 보급에 크게 기여한 인쇄술이 전파되었으며 셋째, 사상적인 변화로서 성리학(납치되어 간, 강 항(姜沆이 전파)의 발달을 들 수 있다. 왜란으로 인한 피해 상황을 보면, 조선 관군 7만, 명 관군 3만 왜군 14만이 전사했으며, 민간인 15만, 포로 5만 명이 발생했다.
2. 왜란의 의미는, 조선 전기 사회가 해체되는 결정적인 계기가 되었다. 하지만 새겨 둘만한 점은 ① 우선 국방력 강화는 소홀히 할 수 없다는

것을 뼈저리게 느끼게 한 전쟁이었다. ② 조정이 백성들의 신임을 잃은 탓도 있다.(국왕 의주 피난, 일본군 도착 전 궁궐이 불타고 도성 치안이 마비) ③ 자주국방이 이루어져야 한다는 것이다. → 그럼에도 불구하고 들불처럼 번진 의병의 활약은 우리 민족의 저력을 다시 한 번 확인할 수 있었고, 조국의 강토를 내 손으로 지키겠다는 순수한 의욕만으로 조직된 민병대가 이처럼 순식간에 전국적으로 일어섰다는 것은 우리 민족이 그 숱한 외침을 어떻게 극복해 왔는가를 명확히 제시해 준 값진 역사적 증표이다.

□ 1607. 새로 들어선 에도막부는 조선과의 국교 회복을 꾀해 새로이 국교를 회복시켰다.

□ 1609. 조일통상조약(朝日通商條約 : 조선이 쓰시마의 다이묘(大名) 소씨 요시토시(宗義智)에게 부여한 통교무역 상의 모든 규정, 소씨에게 보내는 쌀과 대두의 사급(賜給), 일본 사절에 대한 접대 법, 소씨가 조선에 파견하는 선박의 숫자 등을 자세하게 규정하고 있다.)을 맺게 된다.

□ 1607 ~ 1624년까지 3회의 회답사 겸 쇄환사(回答使 兼 刷還使 : 일본에 파견한 통신사 명칭, 한일관계를 부활하고자 하는 도쿠가와 이에야스의 요청에 대한 회답과 일본에 끌려간 포로들의 송환을 목적으로 명칭을 붙였다.)가 파견되었다.

1. **1회는, 1607. 선조 40년 조선정사(朝鮮正使) 여우길' 조일 구교 회복과 포로 송환 목적**
2. **2회는, 1617. 광해군 9년 조선정사 오윤겸 오사카의진(陣)에 따른 일본 국내 평정 축하와 포로 송환 목적**

3. 3회는, 11624. 인조 2년 조선정사 정 입 도쿠가와 이에미쓰(德川家光) 습봉(襲封:제후가 윗대의 영지를 물려받음) 축하 및 포로 송환

□ 1636~1811까지 9회에 걸쳐 조선통신사(朝鮮通信使)가 1회에 300명에서 500명 정도의 규모로 일본을 방문했다. 조선왕은 인조에서 효종, 숙종, 영조, 순조에 이르기까지 일본은 도쿠가와 이에미쓰에서 도쿠가와 이에쓰나, 도쿠가와 쓰나요시, 도쿠가와 이에노부, 도쿠가와 요시무내, 도쿠가와 이에시게, 도쿠가와 이에하루, 도쿠가와 이에나리까지 대를 이어 방문이 이어졌다.

1. 쇄국정치를 펼쳐 온 일본에게 조선은 류큐왕국(琉球王國) 외의 유일한 국교체결이었고, 조선통신사의 방일 행사는 도쿠가와쇼군(德川將軍)의 국제적 지위를 일본 전국에 알릴 수 있는 절호의 기회로 중시되었다. 뿐만 아니라 지역 영주인 다이묘(大名)들에게도 크게 환영을 받았고, 이러한 환영행사를 통해 양국의 문호교류가 다양한 형태로 이루어지게 되었다.

2. 일본 민중들도 조선의 사절단 행렬을 보기 위해 모여들었고 이것이 계기가 되어 일본 각 지역에 조선통신사와 관련된 많은 문화교류의 흔적이 남게 되었다. 그 예로 오키야마현(岡山縣) 우시마도초(牛窓町)의 축제 춤인 가라코오도리(唐子踊) 등은 현재까지 잘 보존되고 있다.

□ 1599 ~ 1872년까지 양국 선박들이 사고로 인해 상대국에 표착하는 사건들이 있었다. → 조선인이 일본열도에 표착한 사건이 약 1,000건에 1만 명 정도이고, 같은 시기 일본이 한반도에 표착한 사건이 약 100건에 1천 명 정도이다. 그들은 표착지에서 우호적인 대우를 받고 비교적 빠른 시기에 송환될 수 있었다.

□ 1678년부터 에도막부와 조선과의 외교 실무와 무역을 담당했던 것은 쓰시마번(對馬藩)이었다. 쓰시마번은 부산의 두모포(豆毛浦)와 초량에 왜관(倭館)을 설치하고 외교, 무역 업무를 행했다. 왜관은 약 10만 평의 부지에 평상시에는 400~500명 정도의 관리와 상인들이 상주했던 시설로 남자에게만 거주를 허용했다. 왜관을 통한 무역상품은 일본으로부터는 물소 뿔, 후추 등 동남아시아의 산물, 동과 은 등의 광산물이 주류를 이루었고 조선으로부터는 쌀, 면 인삼 등이 주요 교역 물품이었다. → 이와 같이 에도시대는 한일 간 평화적, 우호적 관계가 장기간에 걸쳐 유지되면서 정치, 경제, 문화의 교류가 이루어진 시기였다.

□ 17세기 무렵부터 일본의 우월적 정체성을 강조하는 배타적 사상 기조인 국학(國學 : 에도시대 중기에 발달한 고전과 고전문학, 이를 통해 유교와 불교의 영향을 받기 이전의 고대 일본인의 정신을 밝히려는데 주안점이 있다.)이 대두되면서 서서히 한국 멸시관이 나타나기 시작했고,

□ 18세기 후반 이후 막부 말기가 되어 일본에 대한 구미 열강의 압력이 강화되는 가운데 일본에서도 이웃 조선을 침략해 서구 열강의 대오에 합류해야 한다는 주장이 강하게 제시되었다.

□ 1875. 강화도사건 → 메이지 유신 이후 일본 정부는 새로운 한일관계를 구축하기 위해 조선 정부와 교섭을 시도했으나 교착상태가 계속되었다. 이러한 사태를 타개하기 위해 9월 20일 일본의 군함 운요호(雲揚號)가 강화도 부근에 진입해 조선군의 포격을 받았고, 이에 대해 일본군은 조선군 포대를 격파하는 대응을 한 후, 영종도를 공격하여 민가를 방화를 하고 살육을 한 뒤 철수를 했다. 이를 계기로 한반도 침략전쟁의 발단이 되었다.

□ 1876. 조일수호조규, 화도조약/병자수호조약이라고도 한다. → 고종 13년 2월 27일 강화도사건을 구실로 일본 정부가 조선 정부에 체결을 요구하고, 청나라 북양대신 이홍장의 권고가 뒷받침되어, 조선을 자본주의 세계로 끌어들여 개국을 강요한 조약이다. 조약에 의해 조선은 자주독립국임을 선언하고 부산 등 2개 항을 개방하며, 서울에는 일본 공사관과 각지에 영사관을 두어 일본인의 영사재판권을 승인했다. 이를 계기로 근대 일본의 조선 침략이 시작되었다.

□ 1882. 임오군란 → 1881. 고종 18년 신식군대인 별기군이 창설되었다. 별기군에 신경을 쓰다 보니 기존 구식군대에 소홀하여 급료까지 밀리게 되자 불만이 고조되고 이를 진정시키기 위해 급료대신으로 지급된 쌀에서 겨가 섞여 있자 구식군인들이 홍선대원군의 지원을 받아 란을 일으키게 되었다. → 대원군이 일시 재집권하여 진정되는 덧 하였으나 이로 인해 조선을 둘러싼 청, 일의 새로운 움직임이 시작되었다. 일본은 조선 거주 자국민 보호를 위해 군대 파견 움직임을 보였고, 청은 신속히 군대를 파견하여 대원군에게 군란의 책임을 물어 청으로 압송하고 일본의 무력 개입 구실을 없애려 했다. 결과적으로,

1. **일본과는, 1882. 제물포조약을 체결하여, 배상금 지불과 공사관 주둔 및 경비까지 부담하게 되었고,**
2. **청과는, 내정 간섭이 본격화 되면서 ① 위안스키 등이 지휘하는 군대가 상주하면서 조선 군대를 훈련시켰고, ② 마젠창과 묄렌도르프를 고문으로 조선의 내정과 외교 문제에 깊이 관여 했으며, ③ 청나라 상인에게 통상 특권을 허용하고 경제적 침략을 받게 되고, ④ 민 씨 일파가**

재집권하면서 정권 유지를 위해 친 청 정책으로 기울었다.

ㅁ 1884. 갑신정변 → 민씨 일파를 몰아내고 새 혁신정부를 세우기 위해 개화당(김옥균, 박영효, 홍영식, 서광범 등)이 일으킨 정변이다. 우정국 개국 축하연에서 일본군을 동원하여 정변을 일으켜 거사에 성공한 후 새 정부를 수립했으나, 왕비 민 씨의 요청을 받은 청군에 의해 진압됨으로써 3일 천하로 끝이 나고 말았다. ← 우리나라 최초의 정치개혁운동이라는데 의의가 있다.

ㅁ 1885. 텐진조약(天津條約) → 갑신정변으로 야기된 청 · 일군의 충돌 문제를 타협하기 위해 리홍장(李鴻章)과 이토히로부미(伊藤博文) 사이에 맺은 조약이다. 청 · 일 양군의 조선에서 동시 철병, 조선의 변란으로 군대를 파병할 때는 먼저 상대방에게 통보 한다는 것 등이다. 이 조약으로 일본은 조선에서 청과 대등한 세력을 유지하며 조선에 대한 파병권을 얻게 되었으며, 후일 청 · 일 전쟁 유발의 한 원인이 된다.

ㅁ 1894. 동학농민운동 → 조선사회 혼란 중에서 관리들이 농민에 대한 착취가 심해지자 동학교도인 전봉준이 이끄는 농민들이 봉기해서 조선 정부군과 전투를 벌였고 정부는 위기에 처하게 되었다. 이에 조선은 청에 출병을 요청했고, 일본도 바로 병력을 출동시켰다. 일본은 청군을 공격하는 한 편, 조선 정부를 위협해 민 씨 정권을 무너뜨리고 김옥균 등으로 친일 개화파 정권을 내세웠다.

ㅁ 청 · 일전쟁 → 1894.6~1895.4 조선에 대한 이권을 독차지하기 위해 청과 일본이 벌린 전쟁으로써 1894.7.25 서해 풍도해전에서 일본군이 승리하면서 연전연승을 거듭했고 1895.2.2~16 사이 청나라 위해 지역에 정박 중인 청국함대를 일본군 함대가 포위를 함으로써 전쟁이 끝나게 된다. 이어 1895.4.7 시

모노세키 조약(下關條約)을 통해 청은 ① 일본에 승전 대가로 청의 1년 예산에 2.5배가 되는 3,000만 냥을 배상하고, ② 자국 영토인 랴오둥 반도와 타이완 섬, 펑후 섬을 일본에 할양하며, ③ 조선에 대한 모든 이권을 포기하게 된다. ← 전쟁 결과는 동아시아의 전통적인 '중국 중심 세계질서(Sino-centric world order)' 에 종지부를 찍고 신흥 일본을 이 지역의 패자로 등장시킨 동양사상 획기적인 전쟁이었다. 또한 이 당시 아시아에서 대립하고 있던 영국과 러시아 독일 프랑스 등 제국주의 열강들 간에 영토 분할 경쟁을 촉발시킨 계기로 세계사적 의의를 지닌다.(3국〈러, 프, 독〉간섭) 이 전쟁 결과 조선은 뿌리 깊은 청국의 종주권에서 벗어났으나 동시에 일본제국주의의 침략 대상으로 바뀌어 인적, 물적으로 그 유례를 찾아볼 수 없을 만큼 혹독한 수난을 당한다.

ㅁ 3국간섭(三國干涉) → 1895.4 청일전쟁의 강화조약으로 일본의 랴오둥 반도 영유를 반대하는 러시아. 독일, 프랑스 3국에 의한 간섭으로써 랴오둥 반도 영유는 조선의 독립을 유명무실하게 하고 극동의 평화에 장애가 된다는 이유로 청국으로 반환을 요구했다. 일본은 요구에 굴해 반환하는 대신 반환금을 받았다. 이를 계기로 열강에 의한 중국 분할이 개시되었다.(러시아는 랴오둥 반도 남부 뤼순과 다롄, 만주로 이어지는 철도 부설권, 영국은 웨이하이웨이 독일은 자오저우만, 프랑스는 광저우 만)

ㅁ 1895.10.8. 새벽 5시 → 을미의병은, 명성황후(明成皇后) 시해사건과 단발령(斷髮令)에 분격한 유생(儒生)들이 근왕창의(勤王倡義 : 임금이나 왕실을 위하여 충성을 다 하고, 국난을 당하였을 때 나라를 위하여 의병을 일으킴)를 내 걸고 친일 내각의 타도와 일본 세력을 몰아내는 것을 목표로 일으킨 항일 의병이다.

- 1895.11. → 을미의병은, 명성황후(明成皇后) 시해사건과 단발령(斷髮令)에 분격한 유생(儒生)들이 근왕창의(勤王倡義 : 임금이나 왕실을 위하여 충성을 다 하고, 국난을 당하였을 때 나라를 위하여 의병을 일으킴)를 내 걸고 친일 내각의 타도와 일본 세력을 몰아내는 것을 목표로 일으킨 항일 의병이다.
- 1896.2.11. → 아관파천(俄館播遷)은, 명성황후가 시해된 후 일본군의 무자비한 공격으로 신변에 위협을 느낀 고종과 왕세자가 러시아 공사 '베베르'와 협의하여 1년간 조선왕궁을 러시아 공사관으로 옮겨 거처한 사건이다.
- 1897.10.12. → 대한제국(大韓帝國 : Korean Empire) 선포는, 1897.8월 경 고종은 년호를 광무(光武)로 바꾸고 국호도 대한제국으로 바꾼다. 러시아 공사관에서 돌아와 경운궁 앞 환구단에서 대한제국은 한반도와 그 부속 도서를 통치함을 선포 한다. 대한제국은 대한민국의 시작을 알리는 근대국가이다. 공식 약칭으로, 대한(大韓), 한국(韓國)으로 부른다. 때로는 대한민국과 구별하기 위해 구한국(舊韓國)이라는 표현을 쓰기도 한다.
- 1902.1.30. →제1차 영 · 일 동맹(Anglo-Japanese Alliance)은, 영국과 일본이 러시아를 공동의 적으로 하여 러시아의 동진을 방어하고, 동시에 동아시아의 이권을 함께 분할하려고 체결한 조약이다. 이 조약의 핵심은, ① 영 · 일 양국은 한국과 청국 양국의 독립을 승인하고, 영국은 청에 일본은 한국에 각각 특수한 이익을 갖고 있으므로 제3국으로부터 그 이익이 침해될 때는 필요한 조치를 취한다. ② 영 · 일 양국 중 한 나라가 전항의 이익을 보호하기 위해서 제3국과 개전을 할 때는 동맹국은 중립을 지킨다. ③ 위의 경우에서 제3국 혹은 여러 나라들이 일국에 대해 교전할 때는 동맹국은 참정하여 공동작전을 펴고 강화도 서로 합의에 의해서 한다.

□ 1904.2.8. ~ 1905.9.5.→ 러 · 일 전쟁(Russo-Japanese War)은, 한국과 만주의 분할을 둘러싸고 싸운 것으로써, 일본 도고함대가 뤼순항(旅順港) 기습 공격으로 시작된 전쟁이다. 전쟁은 러시아 발틱 함대가 대마도 해전에서 패하고 함대 사령관 '로케스트벤스키 제독이 포로가 됨으로써(1905.5.27.새벽 4시 45분) 전쟁이 끝나게 되었다. 이 결과로 러시아는 패배로 제1차 러시아혁명운동이 진행되었고(차르 니콜라이 2세의 차르체제가 무너짐), 일본은 한국에 대한 지배권을 확립하고 만주로 진출할 수 있게 되었으나 미국과 대립이 시작되었다.

□ 1904.2.23. → 한일의정서(韓日議定書)는 러 · 일 간의 전운이 급박함을 알게 된 대한제국은 1904.1.23 국외 중립을 선언하고, 양국 간의 분쟁에 초연하려고 하였으나, 한국과 만주 문제의 기본적 타협이 결열 된 러 · 일 양국은 드디어 2.6에 외교를 단절하고, 일본이 뤼순 항을 기습공격 함으로써 전쟁이 시작된다. 전세가 전반적으로 일본에 유리하게 전개되고 대한제국은 국외 중립을 견지할 방도가 없게 되었다. 일본군이 서울 입성과 더불어 주한일본공사 하야시(林權助)는 외부대신 서리 이지용을 거쳐 고종을 알현하고 전쟁의 불가피성을 강조하면서 중립을 버리고 일본에 협력할 것을 강요함과 동시에 중립선언을 송두리째 무시하여 버렸다. 이후 강압적으로 공수(攻守), 조일(助日)하도록 하고 공수동맹(攻守同盟 : 제3국에 대하여 공격이나 방어를 같이 하자고 국가와 국가 간에 맺은 조약))을 전제로 이지용과 하야시 사이에 의정서를 체결 하게 된다. → 이 결과 군사행동과 수용, 강점을 제멋대로 강행하게 되어 광대한 토지를 군용지로 점령하였고, 3월 말에는 한국의 통신 기관도 군용으로 강제 접수하였다. 또한 대한제국은 5월 18일자 조칙으로

한 · 러 간에 체결되었던 일체의 조약과 협정을 폐기 한다고 선언하고 러시아인이나 러시아 회사에 넘겨주었던 모든 권리도 전부 취소하였으며, 경부, 경의 철도 부설권도 군용으로 일제에 제공하였다. 6월 4일 한일양국인민어로구역(韓日兩國人民漁撈區域)에 관한 조약을 체결하여 충청, 황해, 평안 3도 연안의 어업권을 일본에게 넘겨주게 되었다.

ㅁ 1904.8.22. → 제1차 한일 협약(광무 8년, 갑진년)은, 한국은 이 협약을 '제1차 한일 늑약(勒約 : 억지로 맺은 조약)이라 하고 일본은 협약이라고 한다. 러 · 일 전쟁이 한창 진행 중일 때 대한제국과 일본 제국 사이에 맺어진 것이다. 정식 명칭은 한일 외국인 고문 용빙에 관한 협정서이다.

ㅁ 한일 늑약(勒約)의 내용은 다음과 같다.

1. 대한 정부는 대일본 정부가 추천하는 일본인 1명을 재정 고문으로 하여 대한 정부에 용빙하고, 재무에 관한 사항은 일체 그의 의견을 물어 실시할 것.

2. 대한 정부는 대일본 정부가 추천하는 외국인 한명을 외무 고문으로 하여 외부에 용빙하고, 외교에 관한 요무는 일체 그의 의견을 물어 실시할 것.

3. 대한 정부는 외국과의 조약 체결이나 기타 중요한 외겨 안건, 즉 외국인에 대한 특권 영여와 계약 등의 처리에 관해서는 미리 대일본 정부와 토의할 것.

→ 광무 8년 8월 22일 외부대신 서리 윤치호(尹致昊)

→ 메이지37년 8월 22일 특명 전권 공사 하야시 곤노스케(林權助)

ㅁ 1905.5.17. → 독도 일본 영토에 합병 선언, 1904.8.23 고종 41년에 일본은

조일 의정서에 의거하여 독도에 일본 해군 부대를 설치한다. 이어 고종 49년에는 독도를 죽도(竹島)라 명칭을 변경하고 시네마현 토지대장에 기재하면서 일방적으로 일본 영토에 합병을 선언한다.

ㅁ 1905.7.29. →가쓰라-테프트 밀약은, 미국의 필리핀 지배를 승인하고, 일본의 한국 지배를 승인하는 양국 상호 묵인하는 밀약이다.

ㅁ 1905.8.12. → 제2차 영일동맹, 일본에게 조선 보호권을 확인하고, 동맹국 한 쪽이 다른 1국과 전쟁을 할 시에 공수동맹으로써 임무를 수행 한다.는 내용이다.

ㅁ 1905.8.13. → 한일약정서(韓日 約定書)는, 한일 양국은 한국의 산업을 발전시키고 무역을 증진시키기 위하여 한국의 연해 및 내하에 일본 선박이 항행하게 할 필요를 인정하여 9개 조항을 설정 약정서를 작성하게 된다. 양국 정부로부터 전권을 위임 받은, → 한국의 외부대신 이하영(李夏榮) → 일본의 공사 하야시 곤노스케(林權助)

ㅁ 1905.9.5. → 포츠머스 조약(Treaty of Portsmouth)은, 미국의 중재로 일본 측 외상 고무라 주타로와 러시아 측 율리예비치 비테 사이에 러일전쟁을 마무리 하기 위해 미국 뉴우햄프셔 주에 있는 조그마한 군항 도시 포츠머스에서 이루어진 강화회담이다. 사실상 일본의 승리를 확인한 조약이다.

1. 한국에 대한 일본의 자유 처분권을 러시아가 승낙하고,

2. 일정 기간 내에 러시아군이 만주에서 철수하며,

3. 랴오둥 반도의 조차권 및 하얼빈에서 여순 간 철도를 일본에게 양도할 것 등이다.

ㅁ 1905.11.17. → 제2차 한일협약(을사조약)은, 한국의 외교권을 박탈하기

위해 외부대신 박제순과 일본 공사 하야시 사이에 강제로 체결된 조약이다.(일본군 기병연대와 포병대대가 진주한 일본군의 계엄 상태에서 실제는 일본군 육군성이 주도했다.) 이 조약에 따라 외국에 있던 한국 외교기관이 전부 폐지되고 주재 공사들은 모두 본국으로 돌아 왔다. 이듬해 2월, 일본은 서울에 통감부를 설치하고 이토 히로부미가 초대 통감으로 취임하여 한국의 외교뿐만 아니라 내정까지 한국 정부에 직접 명령하고 집행까지 하는 권한을 가지고 있었다. → 이에 대해 우리 민족은 여러 형태의 저항으로 맞섰다.

1. **11.20일자 황성신문에 장지연(張志淵)은 시일야방성대곡(是日也放聲大哭 : 이날, 목 놓아 통곡 하노라)을 발표하여 일본의 침략성을 규탄하고 조약체결에 찬성한 대신들을 공박하자, 국민들이 일제히 궐기하여 조약의 무효화를 주장하고 을사5적(박제순, 이지용, 이근택, 이완용, 권중현)을 규탄하며 조약 반대 투쟁에 나섰다.**
2. **11.22. 고종은 미국에 체재중인 황실고문 헐버트(Hulbert. H. B)에게 "짐은 총칼의 위협과 강요 아래 최근 양국 사이에 체결된 이른바 보호조약이 무효임을 선언한다. 짐은 이에 동의한 적도 없고 금후에도 결코 아니할 것이다. 이 뜻을 미국정부에 전달하기 바란다."라고 통보하며 이를 만방에 선포하라고 하였다.**
3. **1906.1.13. 런던 타임즈에 보도되고, 1906.2월 프랑스 국제공법학회지 특별 기고문에도 이 조약이 무효임이 실렸다.**

ㅁ 1907.2. → 국채보상운동(國債報償運動)은, 1904년 고문정치(顧問政治) 이래 일제는 한국의 경제를 파탄에 빠뜨려 일본에 예속시키기 위한 방법으로 한국 정부로 하여금 일본으로부터 차관을 도입케 하였고, 통감부는 이 차관을

한국인의 저항을 억압하기 위한 경찰기구의 확장 등 일제 침략을 위한 투자와 일본인 거류민을 위한 시설에 충당하였다. 한국 정부가 짊어진 외채는 총 1,300만원이나 되었다. 당시 한국 정부 세입 액에 비해 세출 부족액은 77만여 원이나 되는 적자예산으로서 거액의 외채상환은 불가능한 처지였다. 이에 전 국민이 주권 수호운동으로 전개한 것이 국채를 상환하여 국권을 회복하자는 것이었다. 이러한 취지로 국채보상운동이 처음 시작된 것은 1907년 2월 대구 광문사(廣文社)의 명칭을 대동광문회(大同廣文會)라 개칭하는 특별회에서 회원인 서상돈(徐相敦)이 국채보상운동을 전개하자고 제의, 참석자 전원의 찬성으로 국채보상취지서를 작성하여 발표하면서부터이다. 이 운동이 전국적으로 확산되자 일제는 극력 탄압 금지하였으며, 송병준 등이 지휘하던 매국단체인 일진회의 공격과 통감부에서 국채보상기성회의 간사인 양기탁을 보상금 횡령이라는 누명을 씌워 구속하는 등 방해로 인해더 이상 진전 없이 좌절되었다.

□ 1907.7. → 헤이그 특사 사건(特使事件)은, 고종이 네덜란드의 수도 헤이그에서 개최된 제2회 만국평화회의에 특사를 파견해 일제에 의해 강제 체결된 을사조약의 불법성을 폭로하고 한국의 주권 회복을 열강에게 호소한 외교활동이다. 이 사건의 개략적인 경과를 보면, 1906.6월 평화회의 주창자인 러시아 황제 니콜라스 2세(Nicholas)가 극비리에 고종에게 제2회 만국평화회의의 초청장을 보냈다. 고종은 이 회의에 특사를 파견하기로 하고, 정사(正使)에 이상설, 부사(副使)에 전 평리원검사 이준과 주로한국공사관 참서관 이위종을 파견했다. 그러나 온갖 방법을 모두 동원 했으나 회의 참석이 거부되자, 이준이 7월 14일 순국하게 된다. 이 사건이 전해지자 통감 이토 히로부미는,

ㅁ7.18. 외무대신 하야시를 서울로 불러들여 그와 함께 고종에게 특사 파견의 책임을 추궁, 강제 퇴위시키고 순종을 등극시켰다.

ㅁ1907.7.24. → 한일신협약(정미7조약)은, 헤이그특사사건을 계기로 고종을 강제 퇴위시킨 일제는 무늬만 남아 있는 대한제국의 국가체제에 마지막 숨통을 죄기 위해 법령제정권, 관리임명권, 행정권 및 일본 관리의 임명 등을 내용으로 한 7개항의 조약을 제시, 아무런 장애도 없이 이완용(李完用)과 이토 히로부미(伊藤博文)의 명의로 체결 · 조인되었다. 일제는 조약의 후속 조치로 다음과 같은 조치를 하였다.

1. 7.27. **언론 탄압을 위한 '신문지법' 시행 하고,**

2. 7.29. **집회와 결사의 자유를 박탈하기 위한 '보안법' 발표 했으며,**

3. 7.31. **경비를 절약 한다는 이유로 한국 군대를 해산시켰다. ← 그러나 이 조약은 일본이 고종을 강제로 퇴위시킨 직후에 체결된 것으로 강압적인 분위기에서 비정상적으로 체결되었기 때문에 국제조약으로서 법적 유효성에 의문이 제기되고 있다.**

ㅁ1909.7.12. → 기유각서는 총리 대신 이완용과 제2대 통감 소네 사이에 교환된 것으로써 한국의 사법 및 감옥 사무를 일본 정부에 위임하는 각서이다. 이로 인해 한국의 법부와 재판소는 폐지되고, 사무는 통감부의 사법 청에 이관되었으며, 직원은 일본인으로 되어 한국의 사법권은 완전히 일본이 장악하게 되었다. 이에 따라 항일 지사들에 대한 재판에 있어서 일본인의 권한은 증대되었고, 특별법을 자의로 만들어 더욱 철저하게 항일 투쟁을 억압하게 되었다. 1909.8월 현재 약 4,500명의 재감원이 있었는데, 감방 1평에 10여 명을 수용하는 비인도적인 상태였다. 각서는 일제가 한국을 강제로 병탄하는 전초

공작이었다.

□ 1909.10.26. → 이토 히로부미 저격사건은, 안중근 의사(義士)에 의해 만주 하얼빈 역에서 일으킨 거사이다. 안중근 의사는 대한제국의 교육가이며, 독립운동가이고, 대한의병 참모중장이었다. 이토 히로부미가 러시아 재무상 코코브쵸프와 회담하기 위해 하얼빈에 오게 된 것을 기회로 삼아 권총으로 사살하였다. 곧바로 체포되어 일본 정부에 넘겨져 1910년 2월 14일 사형 선고를 받고, 같은 해 3월 26일 처형되었다. → 순국 직전 동포들에게 남긴 의사의 마지막 유언은, "내가 한국 독립을 회복하고 동양평화를 유지하기 위하여 3년 동안 해외에서 풍찬노숙(風餐露宿 : 바람을 먹고 이슬에 잠잔다. 객지에서 많은 고생을 겪음) 하다가 마침내 그 목적을 달성하지 못하고 이곳에서 죽노니, 우리들 2천만 형제자매는 각각 스스로 분발하여 학문을 힘쓰고 실업을 진흥하며, 나의 끼친 뜻을 이어 자유 독립을 회복하면 죽는 여한이 없겠노라"

□ 1910.8.22. 조인 ~ 8.29. 발효 한일 병합 조약(국권피탈, 경술국치, 병탄〈倂呑〉: 다른 나라 영토를 제 것으로 만듦)은, 대한제국 내각총리대신 이완용과 일본제국 제3대 한국 통감인 데라우치 마사다케가 형식적인 회의를 거쳐 조약을 통과시켰으며, 이로 인해 대한제국은 일본제국에 식민지가 되었다.

1. 병합 후 통감부는 총독부로 개칭 했다.

2. 무단정책을 실시했다. → 군인총독 하에서 헌병과 경찰을 일체화한 헌병경찰을 전국에 배치하여 언론, 집회 결사의 자유를 빼앗고 철저하게 한국인을 탄압했다.

3. 1910~1918년 동안, 토지 조사사업을 강행하고 농민으로부터 토지를 박탈했다.

□ 1910.12. → 회사령(會社令) 공포는, 한국에서 회사를 설립하기 위해서는 조선총독부의 허가가 의무화되었고, 이로 인해 한국인의 회사 설립은 규제를 받았고 민족 산업의 성장도 억제되었다.

□ 1918.11.30. 신한청년당(1918. 8. 중국 상하이에서 창립한 한인 청년 독립운동 단체) 당수 여운형은 파리강화회의와 미국 대통령 윌슨에게 보낼 한국 독립 요청서를 미국 대통령 특사인 '크레인'에게 전달하였다.

□ 1919.2.8. → 일본의 한국 유학생 독립선언을 발표했다. 독립선언서의 문안 작성은 실행위원이었던 이광수가 담당하였으며, 백관수는 2월 8일 오후 2시 기독교청년회관에서 2 · 8 독립선언서를 낭독하였다. 이 선언문에는 → "만일 이로써 성공하지 못하면 온갖 자유행동을 취하여 최후의 일인까지 열혈을 흘릴 것이며, 영원한 혈전을 불사한다."고 명시되어 있다. 선언문 낭독을 통하여 일제의 군국주의를 강도 높게 비난하고 식민지정책의 부당성을 폭로하였으며 우리민족이 독립국이라는 것을세계에 알리고자 하였다.

□ 1919.3.1. → 3 · 1 운동은, 한일병합 후 해외에서, 국내 여러 곳에서 독립운동을 위한 움직임이 있었다. 그 중에서도 일본 동경에서 일어난 '2 · 8독립선언'은 국내에 많은 자극을 주어 3 · 1운동을 촉진시키는 역할을 했다. 1919년 1월 22일 고종의 원인 모를 사망으로 국민의 반일 감정이 격화된 데다 해외의 독립운동 소식이 국내로 흘러 들어오자, 국내의 항일 분위기는 더욱 고조되었다. 이러한 상황 속에서 여러 갈래로 추진되던 국내의 독립운동은 마침내 거족적인 대연합전선을 형성하였다. 먼저 2월 중순에 서북부 지방의 장로교 측과 서울을 중심으로 한 감리교 측의 연합이 이루어지면서 곧이어 기독교 측의 이승훈과 천도교 측의 최 린이 직접 만나서 양자의 연합이 성립되었다.

독자적으로 계획을 추진하여 오던 학생 측도 박희도의 주선으로 기독교와 천도교의 연합전선에 가담하게 되었다. 이 연합전선은 불교 측의 한용운, 백용성이 참여함으로써 그 세력이 더욱 커졌다. 이렇게 해서 기독교 대표 16인, 천도교 대표 15인, 불교 대표 2인 등 33인의 민족대표가 결정되었다. 2월 27일에 민족대표 33인의 서명이 들어간 독립선언서 2만 1천 매가 인쇄되어 3월 1일까지 서울과 지방의 10여 개 도시에 배포되었다. 3월 1일 아침, 날이 밝았다. 이 날 정오 민족대표 33인 중 29인은 인사동에 있는 태화관에 모여 간소한 점심 식사를 마치고 오후 2시에 독립을 선언하는 한용운의 간단한 식사(式辭)를 듣고 그의 선창으로 대한독립 만세를 제창하였다.

1. 오등(吾等)은 자에 아 조선의 독립국임과 조선인의 자주민임을 선언하노라. 차로써 세계만방에 고하야 인류 평등의 대의를 극명하며, 차로써 자손만대에 고하야 민족자존의 정권을 영유케 하노라......

5천 6백여 자에 이르는 독립선언서의 낭독이 끝남과 동시에 군중 속에서 "대한독립 만세" 소리가 터져 나왔다.

→ 전국적으로 운동 참가자는 200여 만 명, 체포자 5만여 명, 사망자가 7,500여 명이나 되었다. 일본은 이후 종래의 무단정치에서 문화정치를 표방하면서 한국인들에게 다소 발언권을 인정하는 등의 회유책을 취했다. 이와 동시에 동화정책을 강화하면서 한국인의 민족의식 배제를 꾀했다.

ㅁ 1919.4.13. → 대한민국 임임시정부 수립은, 3.1운동 정신을 계승해 일제에 빼앗긴 국권을 되찾고 나라의 자주독립을 이루고자 중국 상하이(上海) 하비로 프랑스 조계(租界 : 청나라(이후 중화민국)에 있었던 외국인의 행정

자치권이나 치외법권을 가지고 거주한 조차지를 말한다.) 내에서 이동녕, 김구를 포함한 40여 명의 임시정부 요인들에 의해 수립 선포되었다. 이후 1945년 11월 김구 등이 환국할 때까지 국내외 독립운동의 구심점이 되었던 3권 분립의 민주공화제 정부이다.

□ 1920 ~1934. → 산미증식계획(産米增殖計劃)이란, 일본자본주의의 존립에 필수적인 저임금 유지를 위한 미가정책(米價政策) · 식량대책이자 조선을 식량 공급지로 만들려는 식민지 농업정책이다. 제1기 계획은 1920년~1925년, 제2기 계획은 1926년~1934년 두 차례에 걸쳐 시행되었다. 제1차 세계대전 중 일본에서는 자본의 급속한 축적으로 말미암아 농민의 대량 이농과 도시 노동자의 급증이라는 사회현상이 나타났다. 이는 일시적으로 식량 수급을 악화시켜 1918년에는 '쌀 소동(米騷動)'이 발생하였다. 이에 일제는 조선에서 식량 증산을 감행하여 식량의 안정된 공급을 확보함으로써 자국의 식량 부족을 해결하려 하였으며 이러한 방침에 따라 입안, 실시된 것이 산미증식계획(토지개량, 수리조합 등)이다. → 이 결과로 산미증식계획은 조선 쌀의 일본 유출을 증가시켰으며 또한 식민지 지주제를 강화하였다. 두 차례에 걸친 산미증식계획으로 증산된 양보다 더 많은 쌀이 일본으로 반출되었기 때문에 조선 농민은 만성적인 식량부족에 허덕였다. 그리고 토지개량사업의 중심사업인 수리조합이 지주를 중심으로 운영되어 일본인과 조선인 대지주들은 혜택을 받을 수 있었던 반면 중소지주, 자작농, 소작농들은 농업금융에서 배제되어 수리조합비의 부담, 고율 소작료, 고리대금 등에 의해 몰락하였다. 일제의 적극적인 지주육성정책에 힘입어 성장한 조선인 지주들은 식민지 지배체제의 담당자로 편입되어 식민지 지배를 위한 사회적 기반의 역할을 수행했다.

ㅁ 1919.12.~1942.7. → 민족운동의 격화, 일본 제국주의의 한국에 대한 식민 통치는 더욱 악랄하고 가혹한 방법으로 자행되었지만, 한민족의 항일 독립 운동은 여전히 세차게 타올랐다. 일제에 대한 민족의 투쟁은 개인적인 활동이나 언론, 종교, 교육기관 또는 그 밖의 단체를 통한 운동, 집단적인 쟁의, 개인의 테러활동, 그리고 주로 국외에서 벌어진 무력 항쟁 등을 통하여 줄기차게 지속되었다. 특별히 단체를 중심으로 전개된 투쟁을 요약해서 정리를 해 보면,

1. **대한독립군 활동은, 1919년 12월부터 북간도에서 '홍범도'를 사령관으로 하여 왕청현과 봉오동을 근거지로 조직이 되었다. 1920년 6월 봉오동 전투에서 대승하고, 1920년 10월에 청산리 전투에서도 크게 공헌 하였다. 봉오동 전투에서 '안 무'의 대한국민회군, '최진동'의 군무도독부군과 연합하여 대한북로독군부를 편성 한다.**
2. **한국독립군(한국독립당) 활동은, 1930년 7월부터 3부(참의부, 정의부, 신민부)에서 나눠진 혁신의회를 기반으로 북만주에서 '지청천' '홍진' 등이 한국독립당을 조직하고, 예하에 한국독립군을 편성한다. 사령관 '지청천'을 중심으로 중국인 '시세영' 등이 이끄는 중국 호로군과 연합하여 작전을 수행한다. 1932년 쌍성보 전투, 1933년 경박호 전투, 1933년 사도하자 전투, 동경선 전투, 대전자령 전투에서 일 · 만 연합군을 격파한다. 이후 한국독립당은 난징의 한국혁명당과 통합하여 신한독립당으로 발전한다.**
3. **조선혁명군(조선혁명당) 활동은, 3부에서 나눠진 국민부를 기반으로 남만주에서 조선혁명당이 조직되고 예하에 조선혁명군을 편성한다.**

4. 조선의용대 활동은, 1938년 10월부터 조선민족 혁명당 직할부대로서 '강원봉'이 중국 국민당 정부의 지원을 받아 한커우에서 조선의용대를 창설한다. 지도부 내의 노선 분열로 조선의용대 화북지대와 조선의용대 충칭 본대로 나눠진다. 조선의용대 화북지대는 1941년 호가장 전투, 1942년 반소탕전 등 항일 무장투쟁에 참가하여 대승을 거둔다. 이후 조선의용대 화북지대는 공산주의 계 조선독립동맹으로 흡수된다. 김원봉' 중심의 조선의용대 충칭 본대는 임시 정부 산하 한국광복군으로 흡수된다.
5. 한국광복군 활동은, 1940년 9월부터 '조소앙'의 3균주의(개인이나, 민족, 국가 상호 간에 완전한 균등을 실현하기 위해서는 정치적, 경제적, 교육적 균등을 실현해야 가능하다.)를 바탕으로 '김 구' '조소앙' '홍 진' '지청천' 등이 충칭에서 임시정부 그 자체인 한국독립당을 창당한다. 이후 신흥무관학교 출신을 중심으로 임시정부의 정규군으로서 '한국광복군'이 창설되고, 조선의용대 충칭 본대가 합류하여 더욱 강화된다. 1941년 태평양전쟁이 발발하자, 중국 국민당 정부의 지원을 받으며 대일 선전포고문을 발표한다. 인도와 미얀마 등지에서 영국군과 연합작전을 수행하고, 중국 각지에서 중국군과 협력하여 대일전쟁에 참여한다. 미국 전략정보처(OSS : Office of Strategic Services)의 특별 훈련을 받으며 국내 진공작전을 시도하나 일제의 패망으로 실현되지 못한다.
6. 조선의용군 활동은, 1942년 7월부터 '김두봉'을 주석으로 '무 정' '최창익'이 중심이 되어 조선독립동맹을 조직한다.조선의용군은 조선

의용대 화북지대가 개편되어 조직되었으며, '박효삼'을 사령관으로 중국 팔로군과 연합 작전을 수행한다. 이후 전 민족 반일통일전선을 형성하고자 했으나 일제의 패망으로 실현되지 못했다.

7. 그 외에 개인적인 투쟁은 열거할 수 없을 만큼 많았으며, 1932년 이봉창 의사의 일본 천황 저격과 윤봉길 의사의 상해 홍구공원 거사, 1936년 동아일보의 일장기 말소사건, 1937년 수양동우회(修養同友會) 탄압사건, 1938년 YMCA를 중심으로 활동하던 흥업구락부(興業俱樂部) 탄압사건, 1940년 기독교 반전 공작사건, 1942년 10월 '조선어학회 사건' 등이 있었다.

8. 이봉창 의사 사건은, 1932년 1월 8일 도쿄 요요기 연병장에서 거행되는 신년 관병식(觀兵式)에 참석하고 돌아가던 히로히토를 겨냥, 수류탄을 던졌다. 그러나 말이 다치고 궁내대신 마차가 전복되었으나 히로히토는 다치지 않아 실패로 돌아갔다.

9. 윤봉길 의사 사건은, 1932년 4월 29일 제조한 폭탄을 감추고 식장에 입장, 행사가 한창 진행 중 일 때 폭탄을 던졌다. 사라카와 일본군 대장, 거류민단장 가와바다는 즉사하고, 제3함대사령관 노무라 중장, 제9사단장 우에다 중장, 주중공사 시케미스 등은 중상을 입었다. 현장에서 일본군에게 체포되고 24세 젊은 나이에 순국하였다.

□ 1920.4.28. → 영친왕 결혼식, 영친왕은 고종의 일곱 번째 아들로 어머니는 순헌황귀비(純獻皇貴妃) 엄 씨이며, 순종의 이복동생이다. 1907년 11세에 황태자로 책봉되었으나 그해 12월 유학이라는 명목으로 일본에 인질로 끌려갔다. 1920년 4월 28일 일본에 의해 메이지 천황의 조카이자 황족인 나시

모토의 딸인 마사코(한국명 이방자)와 도쿄에서 결혼하여 아들 구(玖)를 두었다. 영친왕은 일본 육군에 입대하여 육군 중장으로 예편하였으나 한일 국교가 단절되어 일본에서 무국적자로 생활하며 재일한국인으로서 고단한 삶을 살게 되었다. 1962년 박정희 국가재건최고회의 의장의 협조로 한국 국적을 회복하여 왕비와 함께 환국하였으나 그때 이미 뇌출혈로 혼수상태에 있었으며 끝내 회복하지 못하고 1970년 5월 1일 73세로 서거하였다.

- 1920.9.28. → 유관순 열사 사망, 1902.12.16 태어나 꽃다운 나이 18세에 서대문 형무소에서 복역 중, 고문에 의한 방광 파열로 옥사하였다. 열사는, 유언으로, "내 소톱이 빠져 나가고, 내 귀가 코가 잘리고, 내 손과 다리가 부러져도, 그 고통은 이길 수 있으나, 나라를 잃어버리면 그 고통만은 견딜 수가 없습니다." 라고 남기셨다.
- 1920.10.21~26. → 청산리전투(青山里戰鬪)는, 김좌진이 이끄는 북로군정서군(北路軍政署軍)과 홍범모가 이끄는 대한독립군 등이 주축이 된 독립군 부대가 만주 허룽현(和龍縣), 청산리, 백운평(白雲坪), 천수평(泉水坪), 완루구(完樓溝) 등지에서 10여 차례에 걸친 전투에서 일본군을 대파한 싸움으로써, 한국 무장 독립운동 사상 가장 빛나는 전과를 올린 대첩(大捷)이다.
- 1923.9.1. → 관동 대지진과 조선인 학살사건, 간토지방에 진도 7.9의 대지진과 함께 해일, 화재가 이어져 도쿄의 60%, 요코하마의 80%가 파괴되고 이로 인해 사망 99,331명, 행방불명 43,476명이라는 대참사가 발생했다. 흉흉해진 민심을 바로잡기 위해 야마모토 곤노효(山本權兵衛) 내각은 조선인을 희생양으로 삼아 민심 수습에 나선다.

1. 내각은 유언비어를 조직적으로 유포시켜 이를 구실로 계엄령을

선포한다. ① 조선인이 우물 안에 독을 넣었다. ② 조선인 배후에 사회주의자가 있다. ③조선인이 방화를 하고 폭동을 일으키려 한다.

2. 일본 간토지역 노동자로 강제로 끌려간 조선인들은 졸지에 일본인들의 대대적인 '조선인 사냥'감의 대상이 되고 만다.

3. 일본 3689개의 자경단은 조선인을 닥치는 대로, 쇠꼬챙이와 죽창을 들고 어른 아이 할 것 없이 모두 죽였다. → 여기에서 살해된 조선인이 무려 6,000~,6600여 명 또는 10,000여 명에 이른다고 한다.

4. 한국과 중국의 민중항쟁의 씨앗을 말리고, 민심수습을 한다는 명목으로 계획적으로 벌인 일본의 야만적이고 극악무도한 사건이다.

□ 1926.4.25. → 순종 승하(昇遐:임금이 세상을 떠남), 창덕궁 대조전 흥복헌(興福軒)에서 일상을 조용히 마감하였다. 국호를 융희(隆熙)라는 년 호를 사용하며 대한제국을 일으켜 세우려 했지만 망국의 설움을 풀지 못한 채 끝내 눈을 감고 말았다. 승하 소식에 도성은 술렁이었다. 창덕궁 돈화문 앞이 조문객들로 붐비기 시작했다. 인산(因山:임금의 장례)날인 6월 10일 운구가 창덕궁을 떠나 영결식장인 훈련원(동대문 운동장)을 거쳐 자이인 금곡릉(金谷陵)으로 가는 도중, 곳곳에서 만세 시위가 벌어졌다. 이른바 6.10만세 운동 시위이다.

□ 1931.9.18. → 만주사변(滿洲事變)은, 류타오거우사건(柳條湖事件 : 1931.9.18. 밤 10시 20분 경 펑텐(奉川) 역에서 북 쪽으로 20 리에 위치한 류타오거우에서 만주철도의 노선이 폭파되었다. 관동군은 중국군의 폭거라고 발표하였다. 그러나 이것은 관동군의 계획적인 공작이었으며, 실무자는 이사하라 중령, 이타가키 대령이었다.)을 계기로 일본군이 곧 펑텐성을 장악

하였고 19일에는 안동, 평황성, 잉커우 등 만주철도 연변의 주요 도시들을 점령하기 시작하였다. 21일에는 지린으로 진격하였고, 조선에 주둔하고 있던 군대도 천황의 재가를 받지 않은 채 국경을 넘어 지린, 안동 방향으로 북진하였다. 관동군의 침략적인 계획으로 이른바 만주사변이 발발하게 된 것이다. 만주 전역을 점령한 일본군은 1932년 3월 1일 선통제 푸이(溥儀)를 수령으로 하는 괴뢰 만주국(滿洲國)을 세워 만주국의 건국을 선포한다. 이에 중국은 국제연맹에 일본의 침략행위를 호소하고 국제연맹이 조사단을 파견한 후 일본군의 철수를 권고했으나 이를 거부, 1933년 3월 일본은 국제연맹을 탈퇴했으며, 이에 탄력을 받은 일본은 이후 아시아 전역을 전쟁의 광풍으로 몰아넣었다.

□ 1937.7.7. → 중일전쟁(中日戰爭)은, 베이징(北京) 교외의 루거우차오(蘆溝橋) 사건(북경 교외 풍대(豊台)에 주둔한 일본군이 노구교 부근에서 야간훈련을 실시하던 중, 몇 발의 총소리가 나고 병사 1명이 행방불명이 되었다. 사실 그 병사는 용변 중이었고 20분 후 대열에 복귀했으나 일본군은 중국군으로부터 사격을 받았다는 구실로 주력부대를 출동시켜 다음날 새벽 노구교를 점령했다.)을 발단으로 벌어진 전쟁이다. 이 사건 이후 7월 11일 양 측은 중국의 양보로 현지 협정을 맺어 사건이 일단 해결된 듯 했으나 중국 침략을 노리던 일본정부는 강경한 태도를 보이면서 관동군과 본토 3개 사단을 증파하여 7월 28일 베이징, 텐진을 점령한 일본은 상하이로 확대시키고 1937. 12월 중화민국의 수도 난징을 점령하여 시민 수만 명을 살육하였다. 그 뒤 우한(武漢)를 공략하고 광둥에서 산시에 이르는 남북 10개 성(省)과 주요도시 대부분을 점거하였다. 한편, 중국은 국민당과 공산당이 제2차 국공합작(國共合

作)으로 항일 민족전선을 형성하여 항전하였다. 이 전쟁은 일본군의 잔악행위로 말미암아 중국인 1,200만 명이 사망하였으며, 일본군은 중국 민중의 항전의지를 꺾지 못하고 전쟁에서 패한다.

ㅁ 1937.10.2. → 황국신미서사(皇國臣民誓詞)는, 조선총독부 학무국은 교학 진학과 국민정신 함양을 도모한다는 명목으로 황국신민서사를 기획하였다. 이에 따라 학무국 촉탁으로 있던 이각종이 문안을 만들고 사회교육과장 김대우가 관련 업무를 집행하였다. 이에 미나미 지로(南次郎) 총독이 결재함으로써 공식화되었다. 여기에서 황국신민의 본뜻은, 조선은 일본왕의 신하 백성이다. 일본제국의 신화된 백성이란 뜻이다. 시민과는 다른 의미로 사용된다.

① 시민은, 권리와 의무가 있지만

② 신민은 의무만 있고 권리는 없다.

ㅁ 1939.11.10. → 창씨개명(創氏改名)은, 일제가 황민화정책(皇民化政策 : 일본천황에게 충성할 것을 요구하는 내용을 담은 것)의 하나로 우리나라 사람의 성을 일본령으로 고치게 한 것. 일제는 제령 제19호로 〈조선민사령〉을 개정하였다. 그 내용은 창씨개명과 서양자제도(사위를 삼을 목적으로 입양시키는 양자)의 신설이었다. 창씨를 거부하는 자는 불령선민(不逞鮮民 : 일제 강점기 일제가 자기네 말을 따르지 않는 한국 사람을 이르던 말)으로 몰아 감시케 했으며 그 자제의 학교 입학을 금지했다.

ㅁ 1930 ~1945. → 일본군위안부(日本軍慰安婦)는, 만주사변(1931년)과 중일전쟁(1937년) 으로 전선이 확대되고 이어 태평양전쟁(194112.~1945.8)에 이르기까지 일본군의 주민 강간과 성병을 막고 군의 사기를 진작한다는 명목으로 '군위안부' 제도를 만들었다. 군위안소를 만든 시기는 1932년경이며 본격

적으로 설치한 것은 중일전쟁이 일어난 1937년 말부터이다. 일본군은 위안소의 설치 목적, 관리감독, 위안부 동원에 대한 명확한 원칙을 가지고 체계적으로 실행했다. 일본, 한국, 중국, 필리핀, 인도네시아 등지에서 많은 여성들이 은밀하면서도 체계적으로 군위안부로 동원되었다. 총 숫자는 적게는 5만여 명에서 많게는 수 십 만에 이를 것으로 추정되고 있다. 특히 당시 식민지였던 우리나라에서 가장 많은 수가 동원되었으나 정확한 숫자는 확인하지 못하고 있다. 이들은 대부분 취업사기에 속아 끌려갔으며, 유괴나 강제 연행 형식으로 끌려간 경우도 많았다. 일본군이 직접 나서거나 군의 협조 하에 민간인이 동원을 담당하였다. 일본이 패망하자 위안부들은 철저하게 버려졌다. 일본군이 패주하면서 소개(疏開) 사실을 알리지 않아 폭격 등으로 많은 위안부들이 사망하였다. 퇴각하면서 위안부들을 한데 모아 죽이는 일까지 자행되었다. 살아남은 이들은 연합군 포로수용소에 수용되었다가 귀국하거나, 개별적으로 힘겹게 돌아오기도 했다. 하지만 고국으로 돌아오지 못한 경우도 많았다. 돌아오는 방법을 몰랐거나 알았어도 포기하고 이국에 잔류하거나 스스로 목숨을 끊은 경우도 적지 않았다. 살아남은 피해 여성들의 이후의 삶 또한 힘겨움의 연속이었다. 가족 앞에 떳떳이 나서기 어려웠던 이들은 가족과 이웃을 피해 숨어 지내는 고통을 겪어야 했다. 대부분 극심한 가난에 시달렸으며, 정상적인 가정생활을 영위하지 못했다. 1990년대 들어 정부에서 생활지원금이 나오고 임대 아파트도 우선적으로 입주할 수 있게 하는 등 대책이 마련되고 있다. 그러나 피해 여성들이 가장 원하고 있는 일본 정부의 배상과 사죄는 지금도 이루어지지 않고 있다. 피해 여성들과 각국 정부, 국제사회가 한 목소리로 일본 정부의 범죄 사실 인정과 진상규명, 정당한 배상과 사죄를 촉구하고 있으나, 일본 정부는 계속해서 거부하고 있다.

□ 2015.12.28 한·외교 난제 위안부 협상이 24년 만에 최종 타결 되었다. 윤병세 외교부 장관과 기시다 후미오(岸田文雄) 일본 외무상은 외교장관 회담을 열고 '일본 정부의 책임 인정, 아베신조 일본 총리의 사죄, 일본 정부 예산으로 10억 엔 재단 설립 등'의 합의문을 발표 했다. 박근혜 대통령은 '대승적 합의로써 국민도 이해해 주시길 바란다.'고 하였다. 그러나 아베 총리는 진심어린 사과를 하지 않았고, 10억 엔 지불로써 모든 문제가 종결되는 것으로 발표를 했다. 이에 야권과 위안부 할머니들은 협상 자체를 인정하지 않고, 아베 총리의 사과를 다시 한 번 촉구하고 있다.

□ 1941.3.15. 조선총독부 학도정신대 조직, 근로 동원을 강요

□ 1941.3.25, 조선 교육령 개정, 소학교를 국민학교로 개칭

□ 1943.3.1. 조선인 징병제 공포 8월 1일 시행

1. 10월 20일 학도병제 실시

2. 12월 15일 학도병 미지원자에게 징용령 발동

□ 1944.2.8 국민 총 동원법에 의거 징용제 실시 → 위 전 기간 동안 강제 징용된 인원 숫자는, 접수된 숫자만으로도 159,058명으로 파악되고 있다. → 1934년부터 1944년까지, 실제 동원되거나 끌려간 숫자는 2,882,870명에 이른다. 대표적으로,미쓰비시, 3,355명, 미쓰이, 1,479명, 스미토모, 1,074명 북해도 탄광, 1,875명, 유바라 탄광, 703명, 등 20여개 사업장이다.

□ 1941.12.8. ~1945.8.15. → 태평양전쟁은, 중일전쟁에서 헤어나지 못하던 일본이 전세를 전환할 기회로 삼아, 미국의 하와이 진주만을 기습 공격함으로써 서태평양을 중심으로 벌어졌던 전쟁이다. 일본은 이 전쟁을 '대동아전쟁

(大東亞戰爭)'이라고 불렀다. 한자 뜻풀이로만 해석하자면, '위대한 동아시아 공동의 번영'이라는 거창한 의미가 있다. 일본 측이 주장하는 의미로는, 아시아 여러 나라들이 일본에 의해 서양의 지배에서 벗어났고, 독립한 아시아 여러 나라들이 일본과 함께 자급자족이 가능한 단일체제를 만들어서 아시아 각국의 평화와 공동 번영을 모색하는 새로운 국제질서를 만드는 것을 '대동아공영', 이 권역을 '대동아공영권', 대동아공영이라는 이상을 위해 서양(미국, 영국)과 벌이는 전쟁을 '대동아전쟁'이라고 한다. '대동아전쟁'은 '태평양전쟁'의 일본 측의 미화된 표현이며, 일본 극우파들은 아시아인들을 위한 성전(聖戰)을 했다는 식으로 자랑하고 있다. 실제는 서구인들 보다 더 악랄하게 자원을 약탈하고, 학살을 감행 하였다. 가장 피해를 입은 중국인 1,200여만 명을 비롯하여 2,000여 만 명이나 희생되었으며, 한반도는 일본군이 병참기지(兵站基地)로 삼아, 식량과 지하자원, 인적자원 동원 등 헤아릴 수 없는 약탈을 당했다. 이 전쟁은 미국이 히로시마와 나가사키에 원자폭탄을 투하함으로써 1945.8.15 정오에 히로히토 천황의 항복 방송으로 종결되었다.

광복(光復) ~ 한국전쟁까지 한 · 일 관계

ㅁ1945.2.4. ~11. → **얄타회담은, 우크라이나 크림반도 얄타의 리바디아 궁전에서 미, 영, 소 수뇌들인 루스벨트, 처칠, 스탈린에 의하여 체결된 2차 세계대전 패전국인 독일의 전후 처리문제와 패전국 또는 광복을 맞은 민족은 모두 민주 세력을 폭 넓게 대표하는 인사들에 의해 임시정부를 구성한 후, 가능한 빠른 시일 내에 자유선거를 통해 인민의 뜻과 합치되는**

책임 있는 정부를 수립하는 등의 목적을 두고 개최되었다. 그 외 조항으로써 태평양과 만주에서 일본을 패배시키는데 소련의 지원이 필요하다는 가정에서 체결 되었다. 그러나 소련의 참전은 지연되었고 미국의 원폭이 투하(1945.8.6)된 뒤에 참전(8.8)하여 불과 5일 만에 일본은 항복하였다. 얄타회담에서 채택한 '비밀 의정서'에는, 소련은 독일이 항복한 후 2~3개월 이내에 대일전(對日戰)에 참여해야 하며, 그 대가로 연합국은 소련에게 러일전쟁에서 잃은 영토(사할린)를 반환해 준다는 것이었다. 또 외몽골의 독립을 인정하기로 합의 하였다.

ㅁ 1945.12.27. → 모스크바 3상회의는, 11945년 12월 16일부터 소련 모스크바에서 미국 번즈 국무장관, 영국 베번 외상, 소련 모로토프 외상에 의해 개최되었다. 이 회담은 전후 문제 처리, 특히 일본에서 분리된 지역의 관리와 얄타회담에 의거 한국 문제 등을 토의하기 위함이다. 회의 결과, ① 한국을 독립국가로 재건하기 위해 임시적인 한국 민주정부를 수립한다. ② 한국 임시 정부를 돕기 위해 '미소 공동위원회'를 설치한다. ③ 미, 영, 소, 중의 4개국이 공동 관리하는 최고 5년 기한의 신탁통치를 실시한다.

1. 1946.1.16. **덕수궁 석조전에서 미소 공동위원회 예비회담이 열렸고, 3월 20일 제1차 회의를 열었다. 미국 측 대표 소장 아놀드와 소련 측 대표 중장 스티코프는 회의 벽두부터 난관에 부닥쳤다. '민주주의'란 용어와 남한 우익 정당과 사회단체의 신탁통치 반대 운동 때문이다. 이에 소련은 임시정부 구성에 신탁통치 반대하는 정당과 사회단체는 참여시킬 수 없고, 미국은 의사 표시의 자유원칙에 따라 참석시키자는데 의견을 좁히지 못하고 1947.7월 결렬되고 말았다.**

2. 1947.9.17. **미국은 단독으로 한반도 문제를 유엔에 제출하였고,**

3. 1948.1. **유엔은 유엔 한국위원단 활동을 개시 하였다.**

4. 1948.2. **유엔은 총회에서 가능한 지역 내에서 만이라도 선거에 의한 독립 정부를 수립할 것을 가결하였다.**

5. 1948.5.10. **대한민국은 총선거를 통해 의원 198명을 선출, 제헌국회를 구성하였고,**

6. 1948.5.31. **최초로 국회를 열었으며,**

7. 1948.7.17**을 제헌 국회의 날로 정하고 헌법을 공포하였다.**

ㅁ1948.8.15. → 대한민국정부 수립은, 1948년 5월 10일 총선거를 통해 제헌국회를 구성하였고, 8월 15일 대한민국 제1공화국을 수립하였다. 초대 대통령은 이승만, 부통령은 신익희, 김동원 이었다. 이 해 12월 유엔 총회의 승인을 받아 대한민국이 한반도에서의 유일한 합법정부임이 공포되었다.

ㅁ1948.9.9. → 조선민주주의인민공화국 수립은, 북한에 수립된 사회주의 국가의 정식 명칭이다. 1945년 일본이 항복하자 한반도에는 38도선을 경계로 남북에 각각 미소 양군이 진주하게 되고 소련군 점령하의 북한에서는 임시 인민위원회가 조직되어 농지개혁 산업 국유화 등 일련의 민주개혁이 수행되었다. 1948년 남한에 단독 정부가 수립되자, 북한에서도 최고 인민회의 선거를 실시, 헌법을 채택하고 9월 9일 조선민주주의인민공화국을 선포했다. 수상 김일성, 부수상 박헌영, 김 책, 홍명희, 내무상 박일우, 외상 박헌영, 민족보위상 최용건 국가계획위원장 정준택 등이 선임되었다. 조선민주주의인민공화국은 소련을 비롯한 공산권 국가들의 승인을 받았다.

ㅁ 1950.6.25. → 한국전쟁 발발 → 일본은 미군의 병참기지 역할 일본 각 지역은 미군기지와 군항으로서 전투기와 군사물자 수송의 발진과 훈련장이 되었다. 또한 전쟁에 필요한 군사 물자의 생산과 판매에 의해 극도의 불황에 빠졌던 일본 경제는 급속히 회복하면서, 한국전쟁은 식민지배의 당사자인 일본이 고도 경제성장의 계기를 맞게 되는 역설을 만들어 냈다. → 한국전쟁이 발발하자 당시 일본 수상 요시다 시게루(吉田茂)는 **'이것은 일본을 위한 천우신조(天佑神助)다!'** 라며 무릎을 치고 말했다. 미군은 전투 중 파괴된 차량의 80%, 무기의 70%를 일본으로 옮겨와 수리했다. 군수품 생산을 전담하는 일본 내 공장도 860곳에 달했다. 한국전쟁 발발 직후 1년 동안 일본이 누린 경제적 이익은3억 1,500만 달러(일본 경제안정본부 통계)에 달한다. 기계, 자동차 등 물자 부문에서 2억2,200만 달러, 기지공사 병참수리 등 용역 부문에서 9,300만 달러 수익을 거뒀다. 1950년 일본의 외화 수입 중 한국전쟁 관련 항목이 차지한 비율은 14.8%에 달하고, 1951년 26.4%, 1952년36.8% 등 매년 10% 이상 올랐다.(일본 외무성 통계)

이 덕분에 일본은 패전 7년 만인 1952년, 2차 세계대전 발발 이전의 경제규모로 회복했다. → **한국전쟁으로 일본 경제는 대박을 터뜨렸다.** ① 미국이 군수물자를 대량 주문하고 '값은 묻지도 않고 사갔다' 일본은 5년간 40억 달러를 챙겼다. ② 자동차 수출 400배 급증, 파산 위기의 도요타는 살아났고, 소니, 혼다, 마쓰시다 등도 전쟁 특수로 폭발적 성장을 했다. ③ 한국전쟁 2년간 미국이 일본에 발주한 군수물자는 6억6천 40만 달러에 이른다. ④ 한국으로 기술 이전엔 인색했고, 신진자동차와 제휴한 도요타는

1972년 계약을 파기하고 철수 했다.

ㅁ1951.10.21. → 한일 예비회담은, 한국전쟁 중임에도 불구하고 미국의 중재로 시작되었으나 관계 정상화 노력은 초기부터 난항을 겪었다. 식민지배에 대한 사죄와 배상 문제, 일본 식민통치는 한국인에게 유익했다는 일본 대표의 망언으로 더 이상 진전을 보지 못했다.

ㅁ1952.1.18. 이승만 라인 선포, 또는 이라인(Lee line), 평화선(平和線) 이라고도 한다. 당초부터 철저하게 반일정책을 수행하여 왔던 이승만 대통령은, 광범위한 공해상에서 한국의 주권을 주장하고 그 수역으로 일본 어선의 출입을 일방적으로 금지한다는 조치를 취하였다. 이 선은 해안에서부터 평균 60마일에 달하며, 이 수역에 포함된 광물과 수자원을 보호하기 위하여 설정한 것으로 어업기술이 월등한 일본과의 어업분쟁의 가능성을 사전에 봉쇄하고 공산세력의 연안 침투는 물론 세계 각국의 영해확장과 주권적 전관화 (主權的專管化) 추세에 대처하기 위한 정책적인 배려에서 선포되었다.

ㅁ1952.4.28. → **대일강화조약(對日講和條約) 발효는, 대일평화조약, 샌프란시스코 강화조약**이라고도 한다. 미국 샌프란시스코 전쟁기념관 공연예술센터에서 **연합국48개국과 일본 사이에 맺어진 조약**이다. 이 조약이 발효됨으로서 일본은 연합국의 점령상태에서 벗어나 독립을 회복하게 되었다. 이로서 승전국인 미국은, 중국의 공산화와 한국의 전쟁으로 인해 일본을 반공 거점화할 필요가 있었다. 대신 **일본에게는 전범국의 족쇄를 풀어 주고 양국 간 안전보장조약**도 맺었다. 일본은 미국에 안보를 맡기고 오직 경제개발에만 매달릴 수 있는 최상의 상황이 조성되었다. 한국에서

전쟁도 일본 경제에 날개를 달아주면서 순식간에 경제대국으로 올라설 수 있었다. 이 조약으로 가장 큰 피해를 받은 곳은 한국과 중국이었다. **일본의 반대로 협상 당사국에 제외되는 바람에 합당한 보상도 받지 못 했으며, 한국에 반환되는 영토에 독도가 명기되지 않은 채 서명이 되어 일본은 이를 편협하게 해석하면서 지금도 독도 도발의 빌미로 활용**하고 있다.

제2장 일본의 역사 인식

섬나라 일본은 한반도를 통해 건너간 아시아계와 남태평양에서 올라온 폴리네시아계가 만든 고대 문명에서 출발했다.

미국 문화인류학자 루스 베네딕트는 일본 이해의 고전으로 꼽히는 '국화와 칼'에서 일본의 천황(天皇)이 태평양의 섬들에서 발견되는 '신성한 추장(Scared Chief)'과 같은 존재라고 했다. 일본의 이중성은 이후 계속됐다. 2000년 가까이 아시아의 국제질서였던 조공(朝貢) 체제의 외부에 위치했고, 메이지유신 이후에는 아시아주의와 탈 아시아주의가 교차하면서 역사가 진행 되었다. '대동아공영권'을 부르짖다가 2차 세계대전에서 패하자 미국 주도의 서방 세계에 기꺼이 편입된 나라가 일본이다.

영국과 3차에 걸친 동맹 조약을 통해 국제사회 질서에 동참하면서 선진 영국을 닮으려고 무진 애를 쓴 결과 오늘날 일본의 정치 사회 문화 지리적 특성 등 제반 분야에서 흐름이 영국과 흡사해 있다. 특별히, 입헌군주제 이자 내각책임제인 정치시스템이 그러하다.

다만 두드러지게 다른 것이 하나가 있다. 영국은 영국의 깃발이 세계 도처에 꽂혀있어 해가지지 않는 나라라고 할 정도로 광대한 지배를 하였지만 개화된 오늘날까지 영연방 국가로 있는 것을 자랑스럽게 생각하는 캐나다, 호주 등의 선진국가가 있고 설령 과거 식민지배 하에 있었지만 아무런 불평불만을 하지 않는 미국, 인도와 같은 나라도 있다. 이 모든 것은 영국이 먼저 손을 내밀어 과거를 반성하고 구체적(사건명과 내용 등)으로 사죄하면서 미래를 약속한 결과물이라 할 수 있다. 일본은 모든 것을 부정한다.

단지 원론적인 수사적 표현(과거 전쟁으로 인해 고통을 드린 점 등)으로 모든 것을 가름하고 자꾸만 끝을 맺으려고 한다.

전후세대인 우리가 왜, 사죄를 반복해야하며 우리의 역사를 우리식으로 해석해 살아가는데 왜 참견이냐는 식이다.

'역사를 잊은 사람(민족)은 미래가 없다(A nation that forgets its past has no future)'는 영국 수상 '윈스턴 처칠'의 명언과 그 이전 일제 강점기 사상가이자 독립운동가 인, 단재 신채호 선생의 '역사를 잊은 민족은 재생할 수 없다'는 명언을 바다 건너 일본으로 던지면서 정신 줄을 놓고 있는 일본 집권층보다, 보다 유연한 사고방식으로 살아가고 있는 일본의 소시민들에게 시대의 도도한 흐름을 한 번 받아 보고, 역사의 흐름에 함께 동참하여 살아가 봄이 어떻겠냐고 제안을 하고 싶다.

일본은 세계 제3위의 경제대국이고 4위의 군사대국이다. 그리고 국제사회 질서에 선도적으로 앞서 나간 나라이다.

유엔을 지탱하는 분담금도 미국에 이어 세계 2위 수준으로 분담금을 지불하고 있다. 한국이 19위이고 중국이 저만큼 아래 22위에 있다.

그럼에도 불구하고 제2차 세계대전에서 패전국이라는 멍에로 유엔 안보리 상임이사국의 지위에 오르지 못하고 비상임 이사국에 포함되어 있다. 오늘도 상임이사국이 되기 위해 맹렬이 외교적 노력을 하고 있지만, 충분한 자격을 갖추었음에도 다다르지 못하는 이유를 일본, 그들 자신들만 모르고 미국에만 기대어 발버둥 치고 있다.

'대동아공영'을 목표로 짓밟은 지난 역사를 고스란히 두고 영국과 편먹고 미국과 편먹으면서 일찍이 서구 문물을 받아들여 개화 했고, 이들과 협잡해서 한반도를 36년간 수탈했으며, '한국전쟁'이라는 인접국가의 최대 비극을 호재로 오늘날 경제부흥을 이루어 놓고선 시침이 뚝 떼고 우월한 민족인양 또다시 국제질서를 주름잡아 보려고 한다. 시대가, 역사가, 용납하지 않는 것을 굳이 해 보려는 그들만의 야심작, 그것은 성공할 수 없고 해 봐야 상처뿐인 영광으로 남게 된다. 는 것을 알았으면 한다.

최근에는 영토 분쟁이 심각하다. 러시아와는 쿠릴열도 4개 섬(하보마이, 시코탄, 쿠나시르, 이투루프), 중국과는 센카쿠열도(尖閣列島/다오위다오(釣魚島), 한국과는 독도 문제로, 무슨 국운이 걸린 양 치열하게 대립하고 있지만 어느 한 곳도 자국에게 유리한 방향으로 국제사회 흐름을 돌리지 못하고 있다.

사방에서 옥죄어 오는 것을 감지한 나머지 유일한 지렛대, 미국을 최대한 활용하기 시작한다. 미국의 뉴 아시아 정책인 '아태지역에 대한 재균형정책'과 맞아 떨어지는 '미일 방위협력지침(가이드 라인)을 개정해서 유사시 미국의 후방지원을 위한 자위대의 활동 영역을 확보했다. 이에 걸맞게 한화(韓貨) 5조 원대에 이르는 미제(美製) 첨단무기를 도입해서 미국을 기쁘게 해주고, 중국의 팽창과 러시아의 활동 영역을 제약함은 물론, 북한에게는 돌발행동 시 원점 타격을 불사한다는 메시지까지 전달하고 있다. 한국에는 한미일 동맹의 남방 삼각체제(참고로, 북한/러시아/중국 - 북방 삼각체제)에서 유리한 고지를 선점해서 최악의 경우 미국의 태평양 방어 전략에서 한국을 제외한 일본과 대만선(線)만으로도 필요 충분한 조건을 갖추고 있음을 은근히 내비치고 있다. (이것은 한국전쟁 직전 미 국무장관 에치슨이 선언한 에치슨 라인 즉 미 태평양방위전선을 아류산 열도, 일본, 대만, 필리핀으로 한다. 와 궤를 같이 할 수 있는 수준임 → 이 선언으로 인해 김일성이 오판〈한반도 전쟁에 미군이 개입 않는다.〉, 한국전쟁을 일으킴)

미국은 한일관계를 놓고 바둑으로 치면 마냥 신바람 나는 '꽃놀이 패'를 두고 있다.

박근혜 대통령을 미국으로 초취해서 토닥이며 한미동맹은 그 어느 때 보다 굳건하다. 고 안심시켜 주고, 아베 총리를 맞아서는 상하원에서 마음 놓고 스트레스를 해소할 수 있도록 자리를 펴 주어 서로 윈윈 하도록 하면서 '양국이 한걸음 씩 양보해서 미래를 향해서 나가라' 는 원론적인 수사로서 모든 것을 가름하고 있다.

동북아시아 갈등의 한 가운데에 **'북한과 일본'**이 자리하고 있다. 그런데 일본은 왜 우리가 '코어(core : 핵심) 국가' 이냐고 항변할 수 있다. 그래서 '안보의 딜레마' 라는 용어가 등장하게 된다. 여기에는 서로 믿질 못 하겠다는 깊은 불신이 자리 잡고 있기 때문이다.

북한 핵, 장거리 미사일과 같은 대량살상무기 때문에 중국이 주도하는 '6자회담'이란 것이 탄생했고, 일본의 영토분쟁과 미일연합작전 때문에 중국과 러시아의 무력 집중이 동북아에 집중되고 있다.

또한 일본의 역사왜곡 때문에 외교적으로 충분히 풀려 날 수 있는 일들이 모두, 하나같이 꽁꽁 묶여서 한걸음도 못나가고 숨 가쁜 대치만 계속되고 있다. 여기에 대응하는 중국 또한 만만치 않다. 군사력의 증강(항공모함 건조, 대륙간 탄도미사일의 개발과 시험 등)은 주변국으로 하여금 상당한 위협을 느끼게 하고, 남사군도에 인공 섬과 활주로 건설, 러시아와의 군사력 협정 및 연합훈련 또한 분쟁과 주변국의 무력 증강에 단초를 제공하고 있다.

도무지 누가 암까마귀인지 수까마귀인지 분간을 할 수 없도록 동북아의 안보환경은 급변하고, 국가 간 군사력 불균형에 따른 무력 증강에 사활을 걸고 있다. 이런 '안보 딜레마'가 필연적으로 귀결 되는 것은, 과거 소련이 미국과 무한 군비경쟁을 하다가 쓸어 졌듯이 스스로 패망하든가, 전쟁이란 수단을 쓸 수밖에 없다. 이 한가운데 대한민국이 애처롭게 자리 잡고 있다. 경제력도 군사력도 변변하지 못한데, 국내적으로는 의견이 분분해 갈등이 증폭되고 이를 부추기는 세력까지 등단해 정권을 농락하고 있고, 북한은 계속 불바다 운운 하며 겁을 주고 연일 대량살상무기 실험을 계속하고 있다. 일본은 어떻게든 외교적으로 한국을 따돌리려고 안간힘을 다 쓰고, 중국은 어떻게든 한미동맹에 틈새를 벌여서 같이 손잡아 보자고 회유하고 있으며, 러시아는 사사건건 북한

편만 들고 한국이 국제사회에서 러시아 편을 들지 않는다고(러시아의 크림합병에 대해 정부 차원에서 반대 입장 표명) 기분이 상해 있다. 이 와중에 대한민국 대통령과 정부에 힘을 실어주지 않고 민심이 반반으로 나뉘어 이렇게 흘러가다간, 경제적인 용어를 빌려서 '내수시장'이 튼튼하지 않으면 궁극적으로 손해를 보는 것은 우리 자신, 국민이라는 것을 소중하게 인식해야만 할 때이다.

이를 악착같이 비집고 들어오려는 일본 정부와 일본 극우들의 모습을 들여다 볼 필요가 있다.

'강자에게는 끝없이 약하고 약자에게는 한없이 강한 나라', 일본!

지난 역사적 사실은 차치하고라도 근래 벌어지는 사건들만으로도 알 수가 있다. 최근 분쟁 중인 센카쿠 열도/댜오위다오에서 중국 선장을 나포했을 때, 중국이 '희토류(첨단 제품에 들어가는 광물)' 수출을 금지하자 백기를 들고 투항하는 모습을 보았고, 미국으로부터 고액의 첨단 장비 수입과 미군 군사시설 배치 허용, 국내 야당과 헌법학자들이 위헌이라는 자국의 헌법(평화헌법)을 개정해서라도 동맹국인 미국의 부담을 들어 주려는 실리외교의 모습에서 민낯을 볼 수 있었다. 그에 비해 한국에게는 끊임없는 외교적 압박(군위안부, 독도)과 경제, 통상의 역조, 일본 내 극우들의 혐한활동 방치 등 약자에게는 겨우 숨 쉴 정도로 목을 죄는 아주 고약한 심사를 가지고 있다.

적어도 한국은 힘이 약하고, 가난했지만 '강자에게 강했고 약자에겐 약했다.' 이것은 예나 지금이나 변함없는 한국 민족의 정서로 자리 잡혀 있다. 경제적 득실로 따지자면 일본의 행위들이 백번 앞서고 한국은 실리마저 챙길 수 없겠지만 한 가지 기대할 수 있는 것은 한반도 통일 후의 진정한 한국의 모습이다. 국제사회에서 한일관계의 미래를 그려 볼 수 있는 국가적 위상을 미리 점 쳐 볼 수 있다. 일본은 한반도의 미래에 대해 은근히 불안감을 가지고 있다. 그래서 그들은 모든 분야에서(정치, 경제, 사회, 문화/체육, 과학기술, 안보, 통일 등) 한국이 잘되는 꼴을 두고 볼 수가 없다. 이것은 달리 별도의 이유가 있는 것이 아니고 한민족에 대한 원죄(原罪)가 있기 때문이다.

짓누를 수 있을 때, 그때까지, 수단과 방법을 가리지 않고 조이다가 훗날 모든 상황이 뒤바뀌었을 때, 그때 죄송하다고 하며 무릎을 꿇어도 상관없다는 '야쿠자 식' 사고방식이 내면에 깔려 있는 듯하다. 제 풀에 지쳐 한계를 느끼도록 하는, 방치 아닌 방치를 해서, 그냥 만나면 인사하고 헤어지는 평범한 이웃으로 지내면서, '아이들끼리는 서로 뛰놀도록' 하는 폭넓은 광장을 만들어 주면 될 것 같다.

ㅁ2015. 6. 9 일본 도쿄 기자클럽에서 가진 '무라야마 전 총리와, 고노 전 관방장관'은 일본의 '침략과 군 위안부 강제동원'에 대해, 있었던 일을 없었던 척하면 안 된다고 말했다.

1. 군 위안부는 본인의 의사에 반해 모집되고 관리되었다. 거짓말로 속여서 끌고 간 경우도 있고, 최근 아베 총리가 말한 것처럼 인신매매 당한 경우도 있다. 그러나 본인의 의사에 반한 경우가 더 많았다. 는 점은 분명하다. 이렇게 모집된 뒤에는 강제로 끌려갔다.

군이 준비한 운송 수단을 타고 이동한 것 등을 보면 알 수 있다.

인도네시아에서 네델란드 여성들이 끌려간 사건을 봐도 '강제 동원 사실이 없다.'고는 절대로 말할 수 없다.

2. **일본 국민은 과거사 문제를 어떻게 생각하나? 아사히 신문에서 2015년 3월과 4월 사이에 일본인 2,016명을 대상으로 여론 조사를 실시했다.**

① 무라야마 담화가 타당 했는가? 타당했다(74%), 타당하지 않았다(13%)

② 피해 국가와 관계는 잘 되고 있는가? 아주 잘 되고 있다(1%), 어느 정도 잘 되고 있다.(45%), 별로 잘 되고 있지 않다.(45%),전혀 잘 되지 않고 있다.(5%)

③ 전쟁에 대해 학교에서 제대로 배웠는가? 그렇다.(13%), 아니다.(79%)

이렇듯 자국 내 정치 기반 공고화에만 몰두하느라 모든 매스컴을 총동원 하는 동안 젊은이들과 소시민들의 사고방식은 날로 황폐화 되어가는 것을 모르고 있다. 한국의 옛 속담에 "신선놀음에 도끼자루 썩는 줄 모르고 있다."는 말이 있다. 일본 정부는 이제 "신선놀음"을 그만 둘 때가 되었다는 것을 알려 주고 싶다.

제3장

일본의 극우 성향

다음 내용은 서울대학교 일본연구소에서 일본 도쿠시마대학교 히구치 나오토(桶口直人) 교수의 강연 내용을 아주대학교 김영숙 교수가 번역하여 편찬한 '재특회(在 特會)와 일본의 극우'에서 발췌한 내용이다.

"더 이상 조선인을 날뛰게 내버려두면 일본인이 죽임을 당한다."
"범죄 조선인을 모두 죽여라."
"코리아타운을 불태워버려라."

이것은 모두 2000년대 후반 이후의 일본에서 '재일특권(在日特權)을 용납하지 않는 시민모임(재특회)'이라는 단체의 구성원이 가두에서 외친 말이다. 너무 심한 표현에 외면하고 싶은 사람, 분노를 느끼는 사람도 많았을 것이다. 한편, 재일 한국인은 일본 강점기부터 차별을 계속 받아 왔으므로 위와 같은 배척의 표현을 새삼스럽지 않게 여기는 사람도 있지 않을까? 그러나 재특회가 일본 사회에 미친 영향은 지대했다.

처음에는 언론도 '일부 이상한 자들의 행동'으로 무시했지만 2010년 조선학교 등에 대한 적대행위로 체포되는 등 신문에 등장하게 되었다.

한국에서 '일본의 극우'라고 하면 아베 신조(安倍晋三) 현 수상 등 일본의 현 정치가와 단체를 가리키는 단어로 정착되어 있으나 일본에서는 그렇지 않다. '극우'라는 것은 유럽의 현상으로서 일본에는 존재한다고는 간주되지 않았다. 지금까지 극우에 대해 '보수'라는 단어를 써왔으므로 실질적으로 극우가 존재하는데도 극우라는 단어의 사용을 기피하는 묘한 상황이다. 극우로 불러야 할 존재가 있음에도 불구하고 그 단어를 피해옴으로써 일본의 정치를 보는 관점 하나를 잃어온 것은 아닐까?

극우란 무엇을 가리키는가?

유럽의 극우와 공통점은 내셔널리즘과 배외주의 양쪽에서 주류파의 보수 보다 극단적인 주장을 한다는 점이다. 재특회는 이 정의에 딱 맞지만 그것만으로는 일본의 극우를 좁게 규정해 버린다. 일본 대부분 극우는 외국인 배척을 분명한 기치로 내걸어오지 않았기 때문이다. 그러나 ① 내셔널리즘에 덧붙여, ② 배외주의, ③ 역사수정주의, ④ 전통주의, ⑤ 반공주의의 어느 한 쪽으로 넓혀 보면 주류파 보수보다 강경한 주장을 하는 세력은 끊임없이 존재해왔다. 따라서 ① 내셔널리즘 + ②,③,④,⑤ 중 하나 이상이 더해진 집단을 이 책에서는 극우로 간주한다. 버스 등을 개조해 검게 칠한 차에서 군가를 크게 틀어주는 '우익'은 ① 내셔널리즘, ④ 전통주의(천황 숭배), ⑤ 반공주의(반소)를 부르짖으며 극우의 일부가 된다. '새로운 역사교과서를 만드는 모임'도 ① 내셔널리즘과 ③ 역사수정주의를 부르짖는 극우라고 할 수 있다.

누가 왜 극우주의에 빠져들며, 재특회란 무엇인가?

재특회는 '재일특권' 폐지를 목표로 내세우며 2007년부터 활동을 시작한 단체다. 즉, 재특회는 재일 한국인에게 적용되는 출입국관리 특례법(특별 영주 자격), 통명(通名) 사용, 생활보호 우대, 조선학교에 대한 보조금이 '재일특권'이라고 한다. 이것은 물론 재특회가 날조한 악질적인 유언비어이며 재일 한국인을 배척하기 위한 구실에 지나지 않는다. 그러나 재특회는설립 후 불과 수년 만에 급성장해 2016년 1월 기준 회원 수는 15,000명이 넘었다. 회원이라 하더라도 회비를 내거나 활동에 참가할 필요는 없으며 단순히 재특회 웹사이트에 등록한 사람의 숫자일 뿐이지만 전국 각지에서 이벤트를 벌일 정도의 조직력은 있다. 재특회의 조직적인 특징으로는 기존 조직이나 인간관계를 기반으로 하는 것이 아니라 간부나 회원, 자금에 이르는 대부분을 인터넷만을 통해 모으고 있는 것을 들 수 있다.

창립자이자 초대 회장인 사쿠라이 마코토(櫻井誠)는 2003년 9월 '이상한 나라, 한국'이라는 홈페이지를 개설해 웹페이지 상에서 알게 된 동료들과 재특회를 결성하였다. 그 후 시위나 가두연설 동영상을 인터넷에 업로드 해 그 시청자가 재특회를 알게 되어 회원이 되고 시위에 참가하는 형태로 확대되어 왔다. 이것은 '일본회의'가 종교우익, 일본유족회,

JC(Junior Chamber : 청년회의소)라는 기성 조직을 토대로 조직되어 있는 것과 대조적이다. 일본에서는 기성 정당이나 대규모 조직에서 독립한 자발적인 사회운동을 시민운동이라고 불러왔으나 이것은 기본적으로 좌파나 반보수를 전제로 해왔다,

극우 시민운동의 선구는 1997년 결성된 '새로운 역사교과서를 만드는 모임'인데 이것도 종교단체나 경제단체가 지원해주는 성격이 강했다. 재특회는 간부조차도 인터넷에서 알게 된 사람들의 모임으로 최초의 순수한 극우시민운동이라고 할 수 있다. 재특회의 발자취는 인터넷이라는 새로운 동원의 기반을 사용하는 강점과 기성 조직의 지원이 없는 약점의 양쪽을 행동으로 표현하고 있다.

누가 배외주의자가 되는가?

한국어로 번역된 야스다 고이치(安田浩一)의 "거리로 나온 우익"은 재특회 창설자인 사쿠라이 마코토의 출신을 폭로하는 데서 출발한다. 기타큐슈(北九州)의 한 부모 가정에서 성장해 고등학교를 졸업하고 경비원 등 비정규직을 전전하고 학교에서도 눈에 띄지 않았던 사쿠라이가 혐한 홈페이지 만들기에 열을 올려 재특회 회장으로서 악명을 높여갔다. 사쿠라이의 이런 이력은 사회 저변 층이 재특회를 지탱하고 있다는 강한 인상을 심어주었다.

왜 배외주의에 빠져드는가?

그렇다면 불우하다는 것 이외의 무엇 때문에 배외주의에 빠져들게 되는가? 특징적인 것은 정치적으로 보수파가 많았다는 것이다. 극우인 이상 이것은 당연한 것처럼 여겨질지도 모른다. 그러나 일본에서는 이런 이데올로기적 배경을 지적한 연구가 거의 없다. 재특회 활동가의 평소 투표 행위에 대한 질문을 해 보면, 기본적으로 선거에 기권을 하지 않고 약 80%가 보수정당인 자민당에 투표했다. 열렬한 자민당 지지층은 아니지만 대체로 안정된 보수 지지층이라고 할 수 있다. 활동가들의 공통점은 자민당에 대한 상대적 안심과 좌익적인 것에 대한 혐오였다.

이 자체는 일반적인 보수층의 의식과 다르지 않다. 활동가들과 대화해보면 주위 사람들과 유리되는 극단적인 정치적 언동자는 오히려 소수파였다. 일상적인 발언으로 보아 '보통사람이'며 이상한 사람으로서 두드러지는 일도 없다. 재일 한국인에 대한 증오도 보수적인 사람이 일반적으로 가진 의식을 증폭시킨 것이며 질적으로 새로운 것은 없었다. 이런 의미에서 재일 한국인 배척 주장은 돌발적으로 나타난 것이 아니라 보수층의 의식 속에 어느 정도 뿌리 내린 것이라고 할 수 있다. 그런데 이런 주장을 공언하는 세력이 나온 것은 2000년대 후반 무렵이다. 당시까지는 재일 한국인에 대한 차별 의식을 가진 사람이 많았다고 하더라도 배척의 표적으로 삼으려고 하진 않았다. 왜 21세기에 들어오면서 재일 한국인 배척을 호소하는 시위가 벌어지게 되었을까?

일본의 외국인 인구비율은 1.7%(2015년 기준)로 한국 보다 낮으며 이민이나 외국인에 대한 낮은 사회적 관심도를 반영하는 결과라고 할 수 있다.

계기가 된 것은 한국, 북한, 중국이라는 근린국가에 대한 적의(敵意)와 역사수정주의였다. 역사수정주의란 메이지유신(明治維新:1868년 9월8일~1912년)부터 제2차 세계대전(1945년 8월 15일)까지 일본의 행동을 미화 · 정당화하는 이데올로기를 가리킨다. 이것을 이런 역사인식에 이의를 제기하는 한국이나 주국에 대한 적의로 변화하므로 근린국가에 관여하게 되는 계기를 과반수로 간주할 수 있다. 즉, 재일 한국인에 대한 증오는 소위 '외국인 문제'인 재일 한국인과의 접촉이나 재일 한국인에 대한 부정적인 보도에서 발생한 것은 아니다. 근린국가에 대한 적의가 처음 발생하고 그것이 변화해 '재일 근린국민'인 재일 한국인(정도는 낮지만 재일 중국인)에 대한 증오를 낳는다.

이로 인해 재특회와 기성 극우단체와의 접점이 보이게 된다. 전후 일본 극우의 최대 적은 반공주의와 북방영토 문제 양쪽에서 관계된 소련이며 동아시아의 근린국가들이 아니었다. 그것이 크게 변화한 것은 냉전이 끝난 후이며 현재 한국, 북한, 중국이 표적이 되었다.

역사수정주의와 근린국가에 대한 증오

일본에는 한국과 마찬가지로 종합잡지로 불리는 월간지가 존재하며 보수파의 "문예춘추(文藝春秋)와 진보파의 세계(世界)를 대표로 하는 논조가 좌우의 관심을 나타내는 척도가 되고 있다.

주류 보수파에 속하는 "문예춘추"보다 더 오른쪽, 즉 극우의 관심이다. 그에 해당하는 "제군(諸君! : 2009년 폐간)", "정론(正論)", "WILL"이라는 3개 극우 잡지 기사 데이터를 이용해 1982~2012년 사이에 극우의 적대세력이 어떻게 변화했는지를 살펴보면, 일반적으로 우파 잡지는 본질적으로 국내지향성이 강해 세계 각지의 사건을 다루는 "세계"와 매우 대조적이다. 그들이 안정적으로 즐겨 쓰는 것은 '병든 거대한 코끼리 아사히신문의 사적 역사', '쇼와사(昭和史) 뒷이야기'(둘 다 "제군(諸君)!"의 제목)라는 국내 좌익 공격이나 일본 근대사다. 이것은 주요 독자층인 관리직이나 경영자의 취향을 반영한다. 그런데 21세기로 들어서자 본격적인 '아시아로 입장 변환' 즉, 근린국가를 적으로 삼는 기사가 두드러지게 되었다. 우선 북한의 비율이 급증했다. 이것은 2002년 고이즈미 준이치로(小泉純一郎) 수상이 평양을 방문했을 당시 김정일 총서기가 일본인 납치를 인정하고 유감의 뜻을 표한 데 따른 것이다. 이후 일본에서는 격렬한 북한 비난이 일어나 '납치문제'는 북한의 핵개발 문제와 같거나 그 이상의 외교문제가 되었다. 피랍자 수로 보면 한국의 500명에 비해 일본은 약 20명으로 훨씬 적다. 그런데도 일본에서 납치문제가 일본과 북한 사이에 가장 중요한 문제가 된 것 자체가 흥미롭다. 어쨌든 지난 2002년 당시 관방부장관이던 아베 신조는 납치문제를 통해 대북 강경파로서 인기를 높여감으로써 고이즈미 후계자로서의 지위를 확립한 것이다.

2000년대 후반이 되자 북한과 함께 한국과 중국의 비율도 높아졌다. 이것은 고이즈미 수상의 야스쿠니 신사 참배, 독도나 센카쿠 열도 등의 영토분쟁 문제, 중국 위협론 그리고 역사문제가 그 배경이다. 일본에서 혐한 증중(嫌韓 憎中)의 관련 서적이 잘 팔리는 배경은 여기에 있으며 잡지 "월간보물섬"이 한국이나 중국을 비난하는 특집을 편성하면 매출이 약 30% 증가 한다고 한다. 재특회도 그 기회에 편승해 세력을 키운 것으로 여겨진다.

다만 3개국을 다룰 때 일정한 차이가 있다는 데 주의해야 한다.

2013년 5월 재특회가 실시한 온라인 투표 결과, 5,272명 중 78%(4,123명)가 한국을 '가장 싫은 나라'라고 답했다. 중국은 12%, 북한은 4%이므로 재특회의 '혐한' 현상은 두드러지고 있다.

그에 비해 극우 잡지에서는 한국의 비율이 높아졌다고 하더라도 북한의 2/3, 중국의 1/3밖에 등장하지 않는다. 재특회와 달리 중국에 대한 관심이 압도적으로 높다고 할 수 있다. 이것은 3국 사이에서 논쟁이 되는 문제가 다르기 때문일 것이다. 한국과의 문제는 역사인식에 집중되며 북한과는 납치와 핵개발이라는 2대 문제가 있는 한편, 국교관계가 없으므로 역사문제는 떠오르지 않고 있다. 그에 비해 중국은 국가안보보장, 역사, 경제 등 모든 면에 관련되는 적으로 간주되고 있다. 중국의 존재감이 높아지면서 각 잡지들이 엮는 특집 타이틀도 "동북아시아 중국 패권의 지정학"이라는 점잖은 제목에서 "숨어드는 중국 패권에 굴할 것인가", "이래도 중국은 위협이 아니다"라고 장담할 수 있는가"라는 히스테릭한 제목으로 변화해간다.

이런 타이틀은 극단적이지만 여론과 전혀 괴리된 것이 아니다. 진보파의 대표인 "아사히신문"에서도 중국에 대해 경계하는 논조가 두드러

졌으며 중국 위협론의 저변이 매우 확대되었다. 극우는 그런 상황을 이용해 세력 확대를 꾀하고 있으며 중국은 극우에게 '만병통치약'이라고 할 수 있다.

극우세력의 사회적 기반

일본 극우의 기반은 무엇이며, 어느 정도 확산되어 있는가?

정당, 이익집단 및 사회운동, 사회적 기반으로 나누어 이데올로기 별로 대표적인 극우세력을 살펴보기로 한다. 일반적으로 일본에서 우익으로 불리는 것은 가두선전 우익이다.

가두선전 우익이 받드는 국수주의의 원류는 에도시대(江戶時代:1603년~1868년)의 국학이며 1945년 이전에는 현실정치에도 강력한 영향력을 미쳤다. 제2차 세계대전 패전으로 우익은 정치의 장에서 거의 퇴장해 대형 가두선전차에서 군가를 틀어대기만 하는 비주류적인 존재가 되어 갔다.

다만 가두선전 우익은 극우의 일부에 지나지 않으며 전후 정치에 영향력을 미친 것은 이익단체로서의 극우세력이었다.

제2차 아베 정권 성립 후 일본 최대 극우단체인 '일본회의'의 국회의원 간담회에 가입한 각료의 다수가 주목받게 되었다. 하지만 '일본회의'는 그 이전부터 자민당을 중심으로 100명 단위의 국회의원으로 조직되어 있으며 단순히 가시화되지 않았을 뿐이다. 그런 의미에서 극우라고 부를수 있는 정치가 집단은 일찍부터 존재했다. 그 선구라고 할 수 있는 것이 1973년 이시하라 신타로(石原愼太郞) 등 31명의 자민당 국회의원이 결성한 청풍회다 그들은 '교육 정상화', '자주독립 헌법 제정' 등 내셔널리즘이나 전통주의도 외치지만 더 강조한 것은 친 한국 · 친 대만을 기조로 한 반공주의적 외교정책이었다. 관료 출신이 거의 없다는 점에서 비엘리트 집단이었으나 선거에 강하고 당선 횟수도 거듭되었으므로 훗날 수상(모리 요시로(森喜朗)이나 각료를 많이 배출했다.

다만 청풍회는 극우로서 안정된 지지 기반이 있던 것은 아니며 오늘날의 배외주의와의 연결성은 약하다. 당시 극우로서 중요한 것은 생장의 집(生長의 家)을 중심으로 하는 종교우익과 일본유족회이며 자민당을 오른쪽으로 끌어당기는 유력한 지지단체였다. 이 조직들은 중의원에 조직 대표를 보낼 만큼 득표력을 가진 단체이며 그것이 극우의 큰 기반이 되었다.

유족회는 제2차 세계대전에서 전사한 일본군 병사의 가족으로 조직된 모임이다. 1947년 설립 당시의 명칭이 '일본유족후생연맹'이었던 것에서 알 수 있듯이 유족연금 등 생계적 보장을 요구하는 이익단체로 출발했다. 1950년대가 되자 전몰자 위령도 요구하게 되어 1952년 일찍이 야스쿠니 신사 위령행사에 국비를 지급할 것을 주장했다. 후자의 요구는 오늘날까지 극우운동의 중심이 되어왔다. 다른 종교우익은 유족회와 달리 처음부터 내셔널리즘과 전통주의를 외치고 있었다. 종교우익이란 최대 세력으로서의 생장의 집, 주요 조직으로서 신사 본청이나 영우회(靈友會) 등 매우 많은 종교교단이 해당한다. 그 중 생장의 집은 좌파 학생운동에 대항하는 천년조직을 설립해 스즈키 구니오(鈴木邦南)

등 많은 우익 활동가를 배출했다.

유족회, 군은연맹전국연합회(軍恩連盟全國連合), 일본향우연맹(日本鄕友連盟) 등 구 군인관계 조직과 종교우익의 공통점은 그 득표력에 있다. 특히 자민당 당원은 비율이 높은 이 극우조직의 의견을 무시할 수 없는 무게를 갖는다. 구 군인관계 조직은 1990년 전후 자민당원 수에서 유족회가 16만 명, 군은연맹은 23만 명으로 전국 우편국장회 OB회(大樹)와 더불어 3대 조직으로 불렀다. 다만 구 군관계자가 늘어날 리는 없으므로 고령화에 따라 감소해 활동도 저조해질 수밖에 없었다. 한편 종교우익에는 젊은 세대가 참가해 1980년대 이후에도 통일교, 그리스도의 장막, 행복의 과학 등 새로운 교단이 더해져 일정한 세력을 계속 유지하고 있다.

일본 극우의 사회적 기반이 되어온 것은 구 군인관계자와 종교우익, JC와 같은 경제우익, 조직화되지 않은 인터넷문화였다.

종합해 보면,

일본은 주변 4각(角 : 필자는 4강〈强〉이란 표현을 싫어 함)들 중에서도 한반도의 통일을 가장 두려워하고 그렇게 되길 꺼려하는 국가이다.

지금 한국의 경제력 수준은 일본에게 대략 15년은 뒤져 있는 것 같다. 통일 한국이 대충 5~7년 정도의 동화기간이 끝나고 나면, 그 후 15년 이내에 일본을 추월해 나갈 수 있다. 는 계산이 나온다. 일반적으로 생각하기에는, 당장 눈에 나타나는 수치로 GDP가 5배 정도, GNP가 2배 정도, 일본이 앞서 나가니까 대충 4~5년 정도 뒤지고 있나? 할 수 있지만 국부(國富)란, 국가가 가지고 있는 자산 가치를 환산할 때, 해외에 투자하고 있는 현금(금융투자)과 부동산, 자원개발 등을 망라하고 현재의 나라 빚과 기술 수준, 내수 수준〈인구, 자원 등〉 등을 감안해서 평가하는 것으로써, 아직 한국은 턱없다는 것이 현실이다. 그러나 우리에겐 성공적인 결실을 거둔 지난 역사가 있다. 과거 박정희 정부 시대부터 제대로 고삐를 당긴 국가건설의 여정이 오늘날에 다다른 것을 한국인의 실증적인 역량으로 보고, 미래에도 똑같은 동력으로 정진한다는 것을 전제로 환산해 보면, 충분히 가능하다는 추산이 나온다. 즉 한반도 통일 후, 3차에 걸친 경제개발 5개년계획으로 대역전 극을 연출한다는 의미이다.

다만, 지금과 같이 국민 절반은 '네 국민이고, 절반은 내 국민이고. 종북 친북 세력이 활개를 쳐도 속수무책인〈국론 분열의 진원지〉 현 상황을 방치해서는 싹수가 노랗고' 일본의 그림자만 밟다가 세월 다 보낼 수 있다'는 것을 유념할 필요가 있다.

일본이란 나라를 일반적으로 평가할 때, 국가는 부유한데 국민은 그렇지 못하다. 통수권자의 통치행위를 국민들이 잘 따른다. 국가이익에 부합한다면 개인에 희생쯤은 기꺼이 받아 드린다. 그리고 정직한 나라, 깨끗한 나라, 예의 바른 나라, 매뉴얼 데로 움직이는 짜임새 있는 나라, 남에게 피해를 주지 않는 나라, 특별히 각종 언론이 국가이익이 무엇인지 제대로 꿰차고 있는 나라로 정평이 나 있다.

세계 3위의 경제대국인데도 불구하고 국민 대다수가 '보수적이고 우익적이며, 안정 희구적인 성향을 지닌 독특한 민족성을 지니고 있다.

부화뇌동(附和雷同 : 일정한 보는 눈이 없이 남의 말에 찬성해 같이 행동함)하고, 감정에 얽매어 주체할 줄 모르고, 마냥 남/나라 탓을 하고, 갑(甲) 질이 끊일 줄 모르고, 그런데 왜 그리도 사람들이 현실 정치에 흠뻑 빠져들 지내는지, 민주화 한다고 받아드린 '지방자치제'가 도리어 '국민 대통합에 걸림돌'이 되고 정치판 지상주의에 젖어 있다는 지적이 많은 걸 보면, 국론과 국력을 한 곳으로 모을 추동력을 잃어버려 발진도 못하고 있는데, 그 상대는 이미 탄력을 받아 저만큼 가물가물 지나가 버린다.

얼마 전 IS(Islamic State : 이슬람 국가)에 나포되어 처형된 일본 기자의 부모가 방송에 나타나서 자식의 죽음에 대해 '국가와 국민에게 정말 죄송하다.' 고 하며 울먹이는 모습과, 후쿠시마 원전 사고와 지진 해일에 의해 수 천 명의 목숨을 앗아 가도 국가와 정치 지도자를 원망하지 않는 모습, 그리고 더욱 파격적인 것은 이 모든 것을 절제 있게 보도하는 일본 언론의 정제된 모습을 보고, 과연 통일 한국이 15년 내에 일본을 따라 잡을 수 있을 지에 대해 의구심을 떨칠 수 없었지만, 필자가 기대하는 것은 한반도가 통일이 될 즈음에는, 반드시 과거 박정희 대통령 같은 위대한 지도자가 탄생해서 남북한 주민을 아우르고 국민의 역량과 여망을 한 방향으로 이끌어 나갈 수 있을 것이라는, 절대 믿음이 있기 때문이다.

이제 한국은 일본을 향해서 통 큰 결단을 할 시점에 도달했다.

아베와 그 정부 만 바라보고 '지적과 성토(聲討)' 하는 것을 멈추고,

고독한 지도자 아베를 이제 놓아주자, 풀어 주자, 그리고 대한국인은 그냥 더 먼 곳을 바라보고 뚜벅뚜벅 걸어 헤쳐 나가자. 변하지 않고, 변할 수 없는 사람이 억지로 변하게 된다든지 심기(心氣)가 흐트러지면, 죽을 수도 있다는 우리 옛말이 있음을 기억해서, 서서히 아베가 일본 정통 극우 가문에 마지막 후손이 되기만을 바라며 홍익인간(弘益人間 : 인간을 널리 이롭게 한다는 뜻의 우리나라 건국이념이며 교육이념)의 지혜를 베풀도록 하자.

- 역사는 덮는다고 해서 덮여 지는 게 아니라,
어떤 형태로던, 언젠가는 누구 엔가에 의해서
비집고 나오게 되어 있다. -

제2부

김 씨 일족의 원대한 꿈

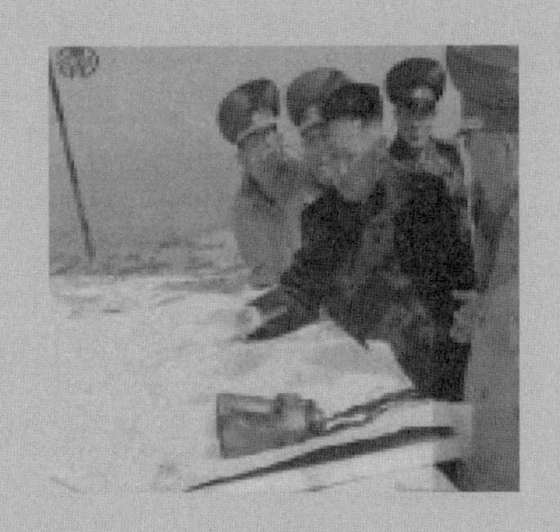

제1장 김일성 설계 하고

제2장 김정일 기반 닦고

제3장 김정은 행동 하기

제1장

김일성 설계 하고

북한을 떠나 한국에 거주하고 있는 주민들에게 김일성이 어떤 인물이냐고 질문하면, 10명 중 7명 정도는 김일성은 위대했으나 김정일이 체제를 계승한 후 나라가 엉망이 되었다고 스스럼이 없이 말 한다. 실제 1960년대 남북한 경제력을 비교해 보면, 북한이 1인당 GNP가 325불, 한국은 94불에 불과해 북한이 약 3.5배의 경제력 우위를 점했던 시절이 있었다.

특히 일제 잔재를 청산해 주민들에게 골고루 재산을 분배해 주는 등 한국전쟁을 일으키기 전까지는 북한 주민의 환심을 전폭적으로 샀던 것 또한 사실이다.그러나 체제수호에 집중을 하면서부터 '숙청과 자수성가 형 민족영웅'으로 자리매김하려고 변신에 변신을 거듭하면서 북한 주민에게 유일체제 수령으로 백두혈통을 쇠뇌 시키는 등 더불어 잘 살게 해준다며 사유재산을 몰수해 국가주도의 경영시스템으로 전환함은 물론, 주민 감시체제를 만들어 북한을 명실 공히 공산주의 일당 독재 체제로 정착시켜버렸다.

더 나아가 김 씨 일족의 세습체제를 고착화하고 이를 지탱하기 위해 '핵과 미사일 개발'이라는 거대한 프로젝트를 추진시켜 체제를 더욱 공고히 하는 과업은 완성단계에 이르렀으며, 이를 뒷받침하기 위해 '선군정치'에 주력함으로써 군사력은 증강이 된 반면 주민의 생활은 피폐해져서 국가 성장 동력은 더 이상 추진력을 잃게 되었다. 지금은 오직 '신의 한 수, 전쟁'이라는 수단만을 염두에 두고 매진하고 있다.

김일성은 마지막 숨을 거둘 때까지 못다 이룬 꿈을 유훈으로 남기면서, 나는 한국전쟁을 일으켜 남조선에 비해 절대 우위의 군사력을 건설했으니, 너희는 '일본열도를 공격'해서 가문의 한(恨)을 풀도록 하여라. 그리고 '핵개발'은 지상 과업으로써 절대 손에서 놓지 말라는 선명한 주문을 했다.

김일성 바로 알기

여기에 기술되는 내용은 동아일보사 발행 '스탈린과 김일성', 가브릴 코로토코프(구소련 국방성 전사연구소 수석연구원)지음, 어건주 옮김에서 발췌한 내용과 아시아투데이 정치부장 최영재의 '김일성 바로 알기'에서 발췌한 내용이다.

스탈린의 지령 "쓸 만한 한국인을 골라라"

제2차 세계대전이 끝났다. 소련군들은 1945년 9월 동유럽과 극동의

넓은 지역을 실제로 관할했다. 김성주(金聖柱)는 9월 어느 날 "의논할 일이 있으니 하바로프스크로 곧 올 것"이라는 내용의 명령을 받았다. 진치첸(김일성의 중국식 발음 친 · 즈어 · 청을 러시아어로 발음한 것)은 며칠 후에 '김일성'이 되어 돌아왔다. 기적 같은 변화가 일어난 것이다.

스탈린은 한국으로 대부대를 보내고 나서 그는 또 하나의 '사회주의 작전 근거지'를 만들 생각이었다. 스탈린은 외국정부가 한국의 내정을 간섭하지 않도록 요구하면서 '평화애호'선언하기를 좋아했다. 실제로는 소련 지도층에 의해서 한국을 또 하나의 지역적 군사기지로 변화시키려는 목적으로 모든 필요한 경제적, 사회적, 정치적 그리고 군사전략적 조건이 만들어졌다. 분계선인 38선을 모스크바는 일시적 현상으로 보았다. 전시에 계획된 '미국과의 친교'는 오래 가지 않을 것 같았다. 소연방과 미국의 무력대립에 대한 준비가 마련되어야 했다. 점령된 지역(북한)의 모든 도시에 군사령부가 설치되었다. 총 54개가 설립되었으며 사령부의 수뇌가 보통 소련 정치부원 장교들(적색위원)로 이루어져 있었다는 것은 주목할 만하다. 이러한 움직임 속에서 소련 점령군에는 '스메르슈'라고 불리는 또 하나의 기구가 생겨났다. 이것은 군 종사자들의 생각과 행동, 지방주민들과의 접촉 등을 몰래 감시하는 특별기관이다. 이것은 한국 주민들 사이에서 정치적 작업을 하기 위해 미리 준비되었으며 소련군의 다수 장교들로 구성된 '선동전문'이라고 불리는 기관이기도 했다.

그들은 북한에 소련식 체제를 만드는 과정을 적극 보장해줄 수 있는 권력기관들을 중앙과 지방에 설립했다. 모스크바는 한인들 중에서 지도력 있고 행정적 위치에 앉을 수 있는 인물들을 조심스럽게 선출했다. 모스크바는 스탈린식 슬로건인 "요원들은 모든 것을 결정한다!"에 의거했다.

민족요원들은 4가지 근거로서 선출되었다.

한국 정치리더들의 요건은, 첫째, 1920~30년대에 한국으로 파견된 코민테른(comintern:Communist International:국제공산당기구=제3인터내셔널-전 세계 노동자들의 국제적 조직) 대표자들 중에서 선출됐다. 둘째, 일본에서 특수교육을 마친 한국 공산주의자들로 구성되어 있으며, 중국공산주의자들 사이에는 김두봉을 선두로 한 자신의 '독립연맹을 창설한 한국 프락치가(Spying : 러시아어로 Fraktsiya : 첩자, 끄나풀)' 있었다.

셋째, 만주에 있는 한인 빨치산(partisan:유격전을 수행하는 비정규군의 별칭: 유격대원, 편의대원)로 구성되었다.

넷째, 중앙아시아에서 살던 다수의 소련한인들로 구성되었다.

1945년 9월 말 마르크스 레닌주의의 사상에 절대적으로 충실한 '지도자'역에 결국 '착한 한국인'을 선출한다는 결의가 받아들여졌다. 그리고 결국 선택은 '진치첸'에게 떨어졌다. 미래의 '한국 국민의 지도자'에 대한 최초의 토의는 하바로프스크의 세르이쉐프 가(街)에 있는 제2극동군사령부에서 이루어졌다. 군인들을 지휘하는 장군 푸르카에프와 극동군의 군사 소비에트의 일원인 육군 대장 슈킨의 토의에 참가했던 통역관은 토의 내용에 대해 다음과 같이 말했다.

"…젊고 근엄한 장교가 집무실로 들어와서 자기를 소개했다.'육군 대위 진치첸은 당신의 명을 받고 왔습니다!' 장군 푸가에프는 그에게 앉으라고 권한 후 곧 질문을 시작 했다."

푸가에프는 모스크바의 요구에 부응할 수 있었던 진치첸의 이력과 군 경력에 대한 다음과 같은 자료를 보고했다. 김일성은 1912년 4월 15일 남평양 대동군 고평면 남리(현 평양시 만경대)에서 태어났음.

1. 출신 : 관리집안 출신, 아버지 김형직은 관동지방에서 교육계에 종사. 일본당국에 의해서 감시를 받음, 어머니는 가정주부.

2. 친지들 : 형 김철주는 동 만주로 도망갔음. 빨치산 운동에 참여했으나 1935년에 사망. 숙부(아버지쪽) 김형원은 동 만주로 도망가 일본군에게 잡혀 옥사. 외숙부 김진석 역시 동 만주에 살았으며 일본군 감시를 받음. 사촌형제 김완주는 빨치산 운동에 참여.

3. 당에서의 역할 : 김성주(김일성 본명)는 1935년 동만주에서 한국 공산당에 입당. '독립연맹' 지도자 김두봉의 임무를 수행. 한국 빨치산 가운데에서 긍정적인 평가를 받음.

4. 전투경력 : 빨치산에서 몇 년 있었음. 동 만주의 빨치산 부대를 지휘함. 하바로프스크 군사보병 예비교육과정을 받음. 여러 번 표창과 적기훈장 받음.

5. 정치, 도덕적 성향 : 마르크스, 엥겔스, 레닌, 스탈린의 교육을 꾸준히 받고 있음. 자유분방한 성격. 사교성이 있음. 부하들 사이에서 권위가 있음. 대중의 분위기를 좌우하는 영향력을 지님. 정신무장이 잘 되어 있음.

미래의 '한민족 지도자' 역으로 모스크바에서 심의되고 있던 다른 후보자들은 1945년 9월까지 더 좋은 인생 역정을 거쳐 왔으며 정치작업

경력이 풍부했으나 당의 하부구조(빨치산부대, 보병대대 규모)에 제한적인 경험을 가진 육군 대위를 스탈린은 선택했다.

조작된 신화 '보천보 전투'

북한은 김일성을 민족의 태양(?)이라고 하며 숭배하고 있다.

그 배경으로써 우리 민족의 항일무장투쟁역사를 왜곡 날조해서 북한 주민들의 역사관을 송두리째 암흑천지로 만들었다.

실증적인 사례를 들어보면, (참고로 '보천보'의 위치는, 함경남도 갑산군 보천면 보천보이며, 현재 북한 행정구역으로는 양강도 보천군 보천읍이다.) 현재 북한에서는 우리 민족 최대의 항일 무장투쟁인 '청산리 대첩'과 '봉오동 전투'에 대한 기록을 아예 없애버렸다. 대신 '보천보 전투'를 민족 최대의 한일 무장투쟁으로 선전하고 있다.

북한의 주장에 따르면, 1937년 6월 4일 밤 10시 조선 인민혁명군 주력부대 150명이 일제 경찰관 주재소, 면사무소, 소방서를 공격하고 우편국, 농사시험장, 산림보호구를 습격하여 기관 건물들을 모두 불태우고 일본의 군인과 경찰들을 전멸시켰다고 한다.이 전투에 앞장 선 사람이 김일성이라는 것이다. 김일성은 자신이 작성한 조국광복회 10대 강령과 포고문, 그 밖의 격문들을 뿌리면서 정치선전을 전개하였다고 한다. 포고문의 내용은 '조선인민들은 조선인민혁명군에 호응하여 일제통치를 분쇄하고 조선인민의 정부를 수립할 것'을 호소하는 것이었다.

그러나 북한이 선전하고 있는 김일성의 최대 항일무장투쟁인 '보천보 전투'의 진실은, 김일성 자신이 아니라 이름만 같은 다른 김일성이 이끌었다. 또 그 성격도 항일무장투쟁(전투)이라기보다는 당시 국경지대에서 자주 일어났던 '비적(匪賊 : 무장을 하고 떼를 지어 다니며 사람들을 해치는 도둑)들의 약탈 사건'이었다. 이 같은 사실은 '보천보 사건'으로 구속된 피의자들에 대한 신문조서와 경성일보, 매일신보 보도, 그리고 중국 공산당의 조선 내 항일인민전선 보고서 등 1937년 당시 1차 자료들에서 확인할 수 있다.

'보천보' 사건의 지도자 김일성의 정체

사건 뒤 일본의 군인과 경찰은 주모자들을 추적하고 국내에서 호응하는 조직에 대한 수사에 들어갔다. 그 결과 사건 관련자를 무더기로 검거했으며, 일본에게는 이 사건에 연루되어 체포된 피의자들을 통해 사건의 주범인 동북한일연군 제1로군 제6사장(師長) 김일성의 신원을 캐내는 일이 제일 중요했다. 2톤 트럭에 가득 찰 정도로 방대했던 피의자 신문조서 속에 제6사장 김일성의 신원이 기록되어 있다. 이 기록들은 한 사람만 조사한 것이 아니라 501명이나 되는 방대한 관련자들을 개별적으로 신문(訊問)한 결과이기 때문에 대체로 정확했을 것이다. 이 피의자 신문조서와 경성일보, 매일신보의 1937년 11월 18일자 보도에 따르면 '보천보 사건'의 주역 제6사장 김일성의 시원은 다음과 같다. 함경남도 출생, 1901년생, 본명 김성주(金成柱), 모스크바 곤산대학 출신, 무엇보다 그는 1937년 11월 13일 전사했다. 해방 후까지 살아서 활동했던 북한 김이렁과는 전혀 다른 인물이다. 북한의 김일성는 평안남도 태생, 1912년생, 본명 김성주(金聖柱), 길림 육문 중학 중퇴의 학력을 가지고 있다. 다만 북한의 김일성은 이 '보천보 사건'에서 김일성부대의 일개 병사로 참여했던 것으로 추측된다.

'보천보 사건'의 정확한 실상

북한이 선전하고 있bv는 '보천보 사건'의 실상을 낱낱이 규명해 보고자 한다. 당시 보천보는 인구 1,300여 명의 작은 마을이었고 무장 병력은 주재소 순사 5명뿐이었다. 북한 측 주장대로 '일본 군경을 전멸시켰다고 자랑할 정도로 많은 일본군이 있었던 것도 아니다. 보천보에는 일본군 부대도 없었고 대대적인 전투도 발생하지 않았다. 또 일제의 함흥지방법원형사부 재판 기록을 보면 동북항일연군 제6사는 거창한 민족해방투쟁을 벌인 것이 아니라 물자보급 투쟁을 벌인 것이었다. 그 과정에서 양민들을 닥치는 대로 약탈하고 방화하기도 했다. 일본인이나 부잣집을 노린 것이 아니고 아무 집이나 닥치는 대로 털어서 약탈한 것이다. 주재소를 습격하고 면사무소에 불을 지른 것은 오로지 약탈을 편하게 하기 위한 견제작전이었을 뿐이다.

만일 동북항일연군이 제대로 된 항일투쟁을 벌일 계획이 있었더라면 평소에 친일하던 사람들을 가려서 응징하거나 일본인에 대한 처단을 시도했을 것이다. 그러나 당시 재판기록을 보면 그런 일은 전혀 없었다. 당시 일본인 순사의 두 살짜리 딸 하나가 유탄에 맞아 죽고, 일본인 음식점

주인 하나가 어수선한 거리에 나와 소리치다가 총에 맞아 죽었다. 그 외에 친일파나 일본인에 대한 계획적인 처단이란 한 건도 없었다. 보천보를 습격한 동북항일연군은 먹고 살기 위해서 산간벽지의 촌락을 습격, 약탈하였다.

그 과정에서 조금이라도 순종치 않으면 반동으로 몰아 무참하게 양민을 살상했다. 그래서 중국공산당은 동북항일연군에 대해 '비적'이라든가 '반혁명 집단'이라는 평을 내려 '중국공산당역사'에 그들의 유격활동을 제대로 기록하지 않았다.

수령체제를 공고 하기 위해 김일성 피의 숙청을 단행하다.

1945년 해방 뒤 북한 정권은 연합체제로 만들어졌다. 김일성의 동북항일연군과, 박헌영의 남로당파, 허가이의 소련파, 김두봉의 연안파, 그리고 갑산파 등이 힘을 합해 출발했다. 이 중에서 김일성 파는 가장 소수였고 투쟁경력도 미비했다. 그러나 김일성은 이 여러 파들을 차례차례 숙청v하며 유일 독제체제를 만들었다. 김일성의 이러한 숙청은 그의 '정치적 아버지'라고 할 수 있는 소련의 스탈린에게서 그대로 배운 것이다.

6.25. 한국전쟁 실패 책임을 물어 남로당파 숙청

김일성은 소련의 힘을 빌려 한국전쟁을 도발했다. 하지만 무력통일이 실패를 하게 되자 그는 전쟁 결과에 대한 책임을 최대 계파인 남로당파에게 뒤집어씌웠다. 그리고 남로당파를 대대적으로 숙청하기 시작했다. 남로당 지도자 박헌영은 김일성에게 가장 껄끄러운 존재였다. 김일성은 한국전쟁 직후 박헌영에게 '제국주의 미국의 스파이'란 누명을 씌워 처형했다.

8월 종파사건을 빌미로 연안파, 소련파 숙청

'8월 종파사건'이란, 1956년 8월 조선노동당 중앙위원회 전원회의에서 김일성의 개인숭배를 비판한 연안파와 이에 동조한 소련파가 1958년까지 숙청당한 것을 말한다. 북한은 이 사건을 공식적으로 조선노동당 중앙위원회 전원회의에서 발표된 '반당 반혁명적 종파 음모 책동'이라고 부른다. 최창익 등 연안파와 박창옥 등 소련파를 '반당 종파분자'로 규정하고 출당 처분을 내렸다. 소련과 중국은 김일성의 숙청을 막으려고 압력을 넣었다. 1956년 9월 소련의 미얀코 부총리와 중국의 국방부장 펑더화이(彭德懷)가 참석한 가운데 노동당 중앙위 9월 전원회의가 열렸으며 여기에서 김일성은 8월 전원회의 결정이 성급하였음을 인정하고 박창옥, 윤공흠 등을 복당시켰다.

그러나 미얀코와 펑더화이가 떠나자 김일성은 본격적으로 반대파 척결사업을 추진했다. '8월 종파사건' 주모자와 연루자를 색출하고 사상을 점검하였다. 이 과정에서 최창익 박창옥을 비롯해 김두봉, 오기정 등의 반대파는 모두 현직에서 추방되었다.

갑산파 숙청으로 1인 독재체제 수립

김일성 1인 독재체제 수립은 1960년대 후반 '갑산파'를 숙청하면서 마무리되었다. 김일성은 1967년에 갑산파의 지도자였던 박금철과 이효순을 숙청했다. 당시 이 두 사람은 조선노동당 서열 4위, 5위였다. 죄목은 '제국주의 일본의 간첩'이었다.

박금철은 보천보 사건의 길잡이 역할을 했다가 일제에 체포되어 감옥살이를 했던 사람이다. 이효순은 보천보 사건 때 사형된 이제순의 동생이었다. 이들은 보천보 사건이 과장되었고 이 사건의 주역 동북항일연군 제6사장 김일성이 북한의 김일성과 다른 인물임을 잘 아는 사람들이었다. 김일성이 박금철과 이효순을 중용한 것은 자신이 보천보 전투의 주역임을 강조하기 위한 방편이었다. 김일성은 이 두사람을 조선노동당부위원장 자리까지 앉혔다. 그러나 '김일성의 진실'을 너무 잘 알고 있었던 그들은 결국 1967년 봄에 숙청당하게 되었다.

제2장
김정일 기반 닦고

김일성은 스탈린과 같은 사후 몰락을 회피하려고 김정일을 후계자로 만드는데 공을 들였으며, 김정일은 부친의 후광을 엎고 1974년 화려하게 수령이 되어 선친의 유지를 받들며 정권 장악과 치적 쌓기에 들어갔다.

그 과정을 살펴보면,

1960년 김일성종합대학 경제학부에 들어가 이듬해 조선노동당에 입당.

1964년 4월 대학을 졸업한 뒤 그해 6월 조선노동당 조직지도부 지도원.

1966년 호위총국에서 근무.

1967년 당 핵심서인 조직지도부 과장.

1971년 부부장으로 승진.

1973년 당 중앙위원회 선전선동부 부장을 거쳐 중앙위원회 조직 및 선전담당 비서 겸 조직지도부 부장. 3대혁명 소조(사상, 기술, 문화) 총책임자가 되었음.

1974년 2월 당 정치국원이 되면서 ‘친애하는 동지’ 또는 ‘당 중앙’으로 호칭되면서 김일성 후계자로 확정.

이후 각 가정마다 부자초상화를 걸게 함.
1975년 공화국 영웅 칭호를 받음.
1980년 제6차 당 대회에서 중앙위원회 위원, 정치국상무위원, 군사위원회위원. 이때부터 공식적인 제2인자로 '친애하는 지도자 동지'로 호칭 변경.
1991년 조선인민군 최고사령관.
1993년 국방위원장에 선출되어 군권을 완전 장악.
1994년 7월 김일성 사망한 뒤 권력을 승계하였다.
1997년 당 총비서.
1998년 최고인민회의 10기 1차 회의에서 헌법 개정을 통해 주석제를 폐지 국방위원장에 추대.
2003년과 2009년 국방위원장에 재추대.
2010년 제3차 당대표자회의에서 당 총비서, 당 정치국 상무위원, 당 중앙군사위 위원장.
* 1960년대부터 각종 주요요직을 경험하면서 15년 만에 후계자 자리에 올라 요직을 거치면서 성장, 24년 만에 북한 최고 권력을 장악하였음.

'선군정치' 통해 군사력은 건설하고, 경제건설은 실패, 민생경제 피폐를 불러와 아사자 속출

김일성 시대에는 그렇게 풍족하지는 않았지만 배급제도로 그만그만한 생활을 유지해 오든 주민들이 김정일 시대에 들어와서 갑자기 배급이 중단되고 1990년 중반의 극심한 수해와 1993년 중반의 가뭄에 이은 최악의 대흉작 등으로 민생이 도탄에 빠지게 되고, 굶어 목숨을 잃는 사람이 하루에도 수 백 명씩 발생하게 되자 너도나도 국경을 넘어 중국으로 식량을 구하러 가게 되면서 인신매매의 덫에 걸려드는 등 북한 주민의 인권과 자존심은 여지없이 무너지게 되었다. 1989년 동구 공산권의 붕괴와 1991년 소련의 붕괴는 북한의 대외적 입지까지 크게 흔들리면서 내우외환의 총체적 난국에 접어들게 된다. 뒤늦게 정신을 차린 당국은 경제를 회생한답시고 화폐개혁을 단행했지만 실패로 돌아가고 그나마 일부 장마당을 묵시적으로 열게 함으로써 다소의 숨을 돌리게 된다.

1996년~2000년까지 북한주민 아사자 수가 33만 명에 이르게 되자 김정일은 일본군에 맞서 투쟁한 항일빨치산의 고난과 불굴의 정신력을 상기시키며 '고난의 행군' 정신으로 난국을 헤쳐 나가자고 호소했다. 그러나 민생경제는 회복될 기미가 전혀 보이지 않았지만, 선친의 유업인 체제유지를 위한 모든 수단 강구에는 한 치의 흐트러짐이 없었다.

대량살상무기(핵, 미사일, 생화학무기)개발과 사이버공격 수단 개발, 특수작전(정찰총국, 보위국, 적군와해공작국, 국가보위성, 통일전선부의 문화교류국 등) 능력 개발에 소요되는 경비 조달을 위해서는 비상한 수단을 모두 동원하고 있었다. 수출이 금지된 무기수출, 마약과 위조지폐 제조 확산, 노동인력 수출, 중국과 러시아를 통한 무역 또는 무상원조 획득, 사이버 해킹을 통한 검은 자금 절취, 한국과 교류(김대중, 노무현 초청, 금강산 관광, 개성공단 설치 등)를 통한 현금, 물자, 식량 획득

등을 통한 광범위 하게 마련된 자금은 배곯고 있는 민생에는 1불도 지원하지 않고 선군정치를 위한 군사력 건설과 주변 충복세력의 친위체제 구축 그리고 김 씨 일족의 비자금으로만 사용되었다.

그 결과 가시적으로 핵 및 미사일 실험은 성공했고, 국제사회의 눈총은 있었지만 쉽게 북한을 없인 여기는 그런 추세는 많이 약화시켰다. 김정일은 자신감이 붙었고 대량살상무기에 대한 고도의 정밀화와 소형화를 통해 실전에서 효용가치를 높이는데 주력하게 된다. 그러나 무분별한 사생활과 과도한 스트레스로 젊은 나이에 유명을 달리하게 된다.

유례없는 세습통치를 위한 '김정일의 숙청' 또한 예외가 없었다.

김일성은 생시에 사람들을 만날 때마다 '나도 김정일 지시에 따라 움직인다. 당신들도 다 김정일을 받들어야 한다.'고 했다 한다. 그 신임을 바탕으로 김정일은 김 씨 왕조의 궁중 숙청을 진행했다. 이른바 '곁가지' 치기다. 계모인 김성애와 그 소생 김평일을 제거하고 친삼촌인 김영주를 자강도로 추방했다. 그때 동독으로 쫓겨 간 김평일은 평생 동구라파를 떠돌고 있고 지금은 체코 대사다. 1995년 평양을 방문했는데 36년 만이라고 한다. 김평일의 누나, 남동생도 북에서 살지 못했다.

김정일의 둘째 부인 성혜림의 조카 이한영이 1982년 한국으로 왔다. 이 씨는 결국 1997년 북한 공작원 총에 맞아 죽었다. 그 성혜림의 장남 김정철 역시 해외로 떠돌이 생활을 하도록 방치를 했다. 2017년 2월 13일 말레이시아 쿠알라룸푸르 공항에서 북한 공작원의 사주를 받은 베트남 및 태국 여성들의 VX(Venomous agent X : 독성물질 엑스, 신경 독가스) 공격을 받아 독살이 되었다.

군부 핵심에 대한 숙청과 재 등용을 반복하면서 기강을 잡아 억지 충성을 맹세 받기도 했다. 대표적으로 김격식 대장을 총참모장에서 해임시켜 일 계급 강등시킨 후, 인민군 제4군단장(서부지역 담당)으로 보직시켰다. 김격식에게는 천안함 폭침이라는 거대한 임무를 부여하여 완수하도록 만들었다. 2010년 3월 26일 21시22분경 북한의 연어급 잠수함에서 어뢰를 발사시켜 폭침시켰다. 이 과업을 성공시킨데 대한 보상으로 2012년 12월 다시 대장으로 승진시켜 인민무력부장으로 보직했다. 이렇듯 군 수뇌부에 대하여 별을 떼었다 붙였다 마음대로 행사함으로써 군대를 장악했다.

김정일의 여성 편력은 가히 병적이고 광적이었다.

첫 번째 부인은, 김일성이 직접 고른 중앙당 서기실 타자수 김영숙이고 사이에서 김설송, 김춘송 두 딸이 있다. 두 번째는, 김일성종합대학 동창이던 홍일천과 동거하면서 딸 김혜경을 두었다.

세 번째는, 유부녀 영화배우 성혜림을 만나 아들 김정남을 낳았다. 네 번째 부인이, 지금 김정은의 생모로써 재일교포 출신 무용수 고용희이며 첫째 아들 김정철, 둘째가 김정은 그리고 딸 김여정을 두었다.

다섯 번째 부인은, 김옥이다. 이것뿐만 아니라 1980년 2월 강건군관학교 전술훈련장에서 처형된 미모의 영화배우 '우인희 사건'은 다른 애첩들이 공포에 질려 딴짓을 못하게 하려는 추잡한 배경이 있다. 우인희는 재일교포 재력가 주정기와 염문이 있었고 주정기가 돌연 사망하자 김정일과 우인희의 동거 사실이 들통 날 것이 두렵고, 애첩들과 영화, 문화, 예술인들에게 경종을 울린다는 명목으로 '부화죄'라는 죄목 씌워 공개 처형을 했다.

국가운영의 실패나 권력에 위기가 닥치면 누군가에게 죄를 덮어씌워 희생양으로 삼았다. 고난의 행군시기, 농사를 망쳐 인민들의 분노가 거세지자 노동당 농업담당비서였던 서관희에게 모든 것을 뒤집어 씌워 처형했다. 경제를 회생시켜 보겠다고 시행한 '화폐개혁'이 실패로 돌아가자 노동당 계획재정부장 박남기를 희생양으로 3대를 멸족시킨 사건들이 있다.

1990년대 후반에 있었던 '심화조(비밀경찰)사건'은 수 십 만의 아사자가 속출하는 등 '고난의 행군' 시기 북한 주민들과 간부들 사이에 체제에 대한 불만이 싹트자 비밀경찰이 조사를 통해 2만 5,000명을 숙청하거나 처형한 사건이다. 이 이면에는 채문덕 사회안전성 정치국장이 문성술 조직지도부 제1부부장을 고문해 사망케 하는 등 두 권력기관 간 알력도 있었다. 채문덕은 조직지도부의 반격으로 2000년 처형되었다.

이 모든 숙청과 처형의 배경은 김정일이 1973년 3대 혁명소조(사상, 기술, 문화)의 총책임자가 되면서부터 시작이 되었다. 그 중 사상 혁명이 이 운동의 중심이 되었는데 김일성 · 김정일 유일사상체계, 유일 지도체제에 장애가 되는 인물은 적극적으로 제거하는 운동이었다. 이 숙청이 하도 악착같아서 '간부 공황'이라는 말까지 나올 지경이었다. 이는 현재 '공포 정치'를 진행하고 있는 김정은에게 그대로 이어졌다.

제3장

김정은 행동 하기

김정일은 평소 지병(심장병)으로 인한 쇼크를 여러 번 반복하면서 자기의 죽음을 예견 하고 있었다. 자신은 선친의 후광을 업고 권좌에 오르기 전에 10여 년이란 긴 세월 동안 다양한 통치 경험을 했지만 늘 국가경제란 말만 나오면 자신감이 떨어졌다. 막상 후계자를 고민해야할 즈음에도 경제회생을 위한 뾰족한 실마리가 손에 잡히는 것이 없었다. 다음 대(代)에 필요한 통치자금은 어느 정도 곳간에 저장해 두었으나 미래 먹을거리를 위한 동력은 마련하지 못해서 어떻게든 중국을 붙잡고 늘어지는 편법을 노하우로 전수할 참이다. 예를 들자면, 핵 및 미사일 실험을 하드라도 사전에 중국이나 러시아에 절대 먼저 알려주지 않는다. 천안함 폭침, 연평도 포격 역시 미리 알려 주질 않았고 북한 내 분위기에 맞게 인민의 호응 동원이나 국제사회 특히 남한과의 분위기 역전, 한미연합훈련의 효과 차단을 위해 마음대로 행동을 해 놓고선 진즉 UN 안보리 처리 등 뒷수습은 중국과 러시아에 하도록 만들었다. 이렇게 함으로써 북한에 대한 관심을 더욱 증폭시키고 각종 무상원조가 원활해 질

수 있다. 무슨 짓을 하더라도 아직은 북한이 중국과 러시아에게 전략적 자산 가치가 충분히 있다는 것을 반증한다. 그래서 중국과 인연을 두고 있는 김정철을 후계자로 지목하려 했으나 한번 눈 밖에 난 자식을 다시 불러 드린다는 것이 도저히 자존심이 하락되지 않아 최종적으로 김정은을 염두에 두면서 매부 장성택을 불러 많은 지도와 편달을 아끼지 말라는 당부를 하고 곧바로 각종 현지 시찰과 해외 순방, 각종 회의 등에 참석하게 하는 등 짧은 시간에 많은 것을 주문했다. 마지막 숨을 거두는 순간까지 당부를 한 것은 체제유지와 대량살상무기에 대한 지속적인 개발, 인재를 등용함에 있어서 늘 견제성 인사와 충성도를 엄중히 하고, 중국과 러시아 국경과 인접한 지점에 개방특구를 개설하여 인민 생활 경제를 활성화시켜 외화벌이를 하고 배고프지 않게 하라는 말을 했다.

그리고 김정은에게 너의 대에서 반드시 '일본열도를 공격'하라는 마지막 주문을 했다. 이유는 앞으로 전개될 국제정치 상황이 만만하게 돌아가지 않을 뿐 아니라 일본의 방위전략이 평화헌법에 의한 전수방어 전략에서 공세적 방위전략으로 전환될 가능성이 있고 특히 미, 일 남조선의 남방 3각 동맹체제가 성숙되기 전에 결정을 보아야 하기 때문이다. 김정은은 장성택과 고모 김경희의 극진한 보살핌 속에서 국정을 들여다보며 하나 둘 자신감을 찾아가고 있었다. 다양한 부서에서 정중하고 신뢰성 있는 진지한 보고를 해 오는 것에 희열을 느끼면서 고모와 고모부에 얽매이지 않고 홀로서기 할 기회를 엿보기 시작한다.

김정은의 약점과 강점

선부른 단정을 하는 사람들 중에는 김정은이 머지않아 레짐 체엔지(regime change: 정권 교체)될 것이라고 전망 하는 사람들이 있다. 근거로서 그의 변변치 못한 이력에서 찾는 경향이 있고 공포정치의 말로는 비극으로 끝난다는 국제질서의 흐름을 이유로 들고 있다.

이력은 너무나 보기가 민망할 정도이다.

1990년 중반 스위스 베른공립학교 수학.

2002년 김일성 군사종합대학교에서 군사학 공부.

2009년 후계자로 내정.

2010년 9월 조선노동당 부위원장.

2011년 10월 김정일 사망으로 권력승계 인민군총사령관.

당 군사위 제1비서.

2012년 4월 국방위원회 제1위원장.

2014년 3월 제13기 북한 최고인민회의 대의원.

2016년 5월 조선노동당 위원장.

2016년6월 국무위원회 위원장.

* **김정은의 약점은,** 유년시절 주로 해외에서 생활을 했고 북한 권부의 다양한 경험을 하지 못해 지도체제에 대한 메커니즘이 부족하다. 따라서 맹목적인 충성과 단편적이고 단방 약에만 익숙해 있어서 국가전략을 구상할 재목이 되질 못하고 즉흥적이고 돌발적이다.

반면에 강점도 있다. 일찍이 해외 문물을 습득함으로써 인민생활에 다양성이 필요함을 인식하고 있으나 각종 인프라의 부족과 경제적인 뒷받침이 허락되질 않아 꿈을 펼치지 못하고 있다는 아쉬움이 있다. 따라서 사회주의 본류인 배급제도의 필요성은 알고 있지 만 여의치 못함에 따라 광범위하게 '장마당'을 확장해서 인민들이 스스로 삶의 질을 변화시켜 나가도록 여건을 마련해 주는 '북한식 사회경제 시스템'을 점진적으로 추진하는 것은 또 하나의 변화이고 전망을 밝게 해 주고 있다.

김정은 역시 '숙청과 공포정치'로 체제유지를 하고 있다.

김정은은 자신이 통치에 근본이 부족하고 기본이 갖추어져 있지 않음을 잘 알고 있다. 그래서 늘 불안하고 초조해서 어느 한 곳에 마음 둘 곳을 찾지 못하고 있다. 27세의 어린 나이에 와 닿는 중압감은 일반인들의 평범한 일상에서 겪는 삶의 고통에 비해서 수 천 배의 무게가 더하리라는 짐작이 된다. 가는 곳마다 좋은 것만 보여주고, 만나는 사람마다 좋은 말만 해주고, 혹여 스트레스라도 받았다 하면 술과 담배, 여자, 고단백의 음식으로 기분을 전환하도록 하는 시스템이 젊은 황제 김정은을 몰락의 길로 안내하고 있는 것이다.

김정은은 수년간 통치를 하면서 스스로 느낌을 받은 게 있다. 무엇이든 안되는 게 없고, 반면에 무엇 하나 제대로 되는 것이 없다는 것과 과감한 인적청산을 해도 대신 자리를 메울 인재가 늘 줄을 서고 있다는 희한한 현상이 자기 주변에서 벌어지고 있다는 점이다. 그러다 보니 모든 게 만만하게 보이고 하면 되는구나 하는 끝없는 허상이 심어져 어쩔 수 없이 숙청의 강도가 더 세 지고 횟수도 빈번하게 일어나며 회한이나 거리낌이 전혀 없이 점점 더 잔인 해 져서 국제사회에서 '21세기 최악의 악마'로 명성을 떨치게 생겼다. 추가로 여기에는 본인이 '백두혈통'이 아니라는 잠재의식이 크게 자리 잡고 있으며 아직까지 생모 고용희(재일교포 출신 무용가)의 실체를 북한 주민들에게 알리지 못하고 있다. 우선 본인 스스로 인민들에게 위용을 떨칠 만한 실적을 쌓아야 하는 강박관념에 사로잡혀 그 누구도 예상할 수 없는 더 큰 일을 저지르게 될 요주의 인물이다.

김정은의 눈 밖에 나는 것은, 첫째, 실수든 본인의 의사의 표출이든 예의에 어긋난 행동과 언사를 하는 것이다. 둘째, 사익 추구를 위한 집단이 형성될 우려가 있는 것이다. 셋째, 눈에 뜨일만한 성과를 내지 못하고 실패를 연속하는 것이다. 넷째, 세습체제를 위협하는 요소나 중국이나 러시아에 깊이 관여하는 것이다.

다섯째, 군부를 포함한 권력기관에서 장기근속하고 있는 핵심직위자이다. 여기에 걸려들면 그 누구도 살아남을 수 없으며 여지없이 숙청이나 처형으로 이어진다.

2012년 리영춘 인민군 총참모장 해임. 인민무력부장 김정각, 김영춘 해임 이들은 모두 김정일 국가장위원회 위원이며, 영구차 호위위원들이다.

2013년 고모부 장성택 처형.

2015년 현영철 인민무력부장 공개처형. 최영건 내각부총리 처형.

2016년 오진우(김일성과 빨치산 활, 1995년 사망)의 세 아들 오일훈, 오일수, 오일정과 오일수 며느리 전영란(정성제약공장 사장) 거세

2017년 김원홍 국가안전보위부장 강등 및 가택연금, 국가보위부 5명 처형 김정남 이복 형 독가스 살인.
김원홍 태양절(2017.4. 15)에 사면, 대장 승진.

극심한 내우외환, '신의 한 수'로 돌파구를 찾다.

이 분야의 심각성에 비추어 결론부터 먼저 기술하고자 한다.

우리말에 '쥐도 나갈 구멍을 보고 쫓아라.'는 말이 있다. 그렇지 않으면 이 '쥐도 막다른 골목에선 고양이를 문다.'는 말이 있다. 이 격언대로만 생각하면 정말 골치 아픈 상대가 아닐 수 없다.

자유민주주의체제의 정체성으로 생각하면 '인도주의'적으로 대하라는 뜻인데 예사스런 상대가 아니다. 남북분단 후 70여년이 흐르는 동안 수 백회의 남북 간 정치. 경제, 사회, 문화, 예술, 종교, 과학기술 등의 교류가 있었지만 단 한 번도 인도주의적으로 결말이 난 적이 없다. 결론은 항상 북한의 '벼랑 끝 전술'에 막혀 북한정권의 욕심만 채워주고 빈손으로 돌아섰다. 그렇다고 북한 주민의 생활개선이나 인권개선이 된 것도 없다. 이것은 북한을 이탈해 자유대한의 품으로 온 3만여 주민들의 생생한 증언에서 여실히 나타난다. 이 모든 것은 진보정권이든 보수정권이든 어느 쪽이 집권해도 똑같은 결론에 도달되었다는 점이다. 필자의

오랜 기간 안보전략분야에 종사한 경험을 토대로 나름 터득한 결론이 있다. 앞 뒤 견주지 말고, 앞서 거론한 우리의 격언에 얽매이지 말고, 북한 정권을 **'더 세차게 휘몰아쳐야 한다.'**는 것이다. 이것만이 북한정권을 제대로 길들이고 '한반도 통일'을 위한 '최대상수'가 된다는 것을 분명하게 밝힌다. 이 문제는 이미 국제사회에서는 벌써 눈을 뜨고 상응하는 제재와 각종 외교적 조치를 취하고 있는데 진즉 당사자인 우리는 내부갈등으로 몸살을 앓고 있다. 어정쩡하게 아무런 대안 없이 성자(聖者)인 척, 인류를 구하러온 척, 삶에 바쁜 국민을 눈속임하는 말장난으로 현혹시키고, 아직 국가정체성을 논하기에는 설익은 젊은이들을 유혹하려고 각종 SNS로 자극적인 표현을 덧칠해서 무책임하게 마구 설파하는 자칭 지식인이라는 사람들, 간절히 바라건대 '국가안보' 관련 이슈 선택에는 정도를 가려주길 바란다. 궁금하면, 잘 이해가 가질 않으면, 어느 쪽이 콩인지 팥인지 분간하기 어려우면, 필자가 진심을 담아 강조하는 **"국가안보의 정론(正論) 생산지는 국방부이다."**를 가감 없이 받아드려 주었으면 한다. 어쩌다, 불행하게도, 막상, 전쟁이라도 일어나게 된다면, 그 잘나가든 정치인, 언론인, 학자(교수, 선생), 법조인, 종교인, 문화 예술인 등 다 어디로 가버리고 우리 주변에는 오직 국방부(군인, 향토예비군)만이 외롭게 버티고 있다. 뿐만 아니라 평소 전쟁이 일어나지 않게 억지/억제를 하는 역할 또한 국방부 이지 정권쟁탈을 위해 사생결단하는 정치인이 아니다.

자- 그렇다면 북한은 무슨 꿈을 꾸고 있으며, 무슨 궁리를 하고 무엇을 기획/계획하고 있을까!

지금 북한은 진퇴유곡(進退維谷)의 깊은 수렁에 빠져 허우적거리고 있다. 누구든 제대로 북한에 걸려들기만 하면 두 눈에 쌍심지를 켜고 며칠 굶은 맹수 마냥 그냥 낚아 챌 자세이다. 중국과 러시아를 제외하고는 모두 적대세력이기 때문에 북한은 어느 한 곳에 마음 정하고 편히 기댈 곳이 없다.

결국은 스스로 돌파구를 찾아야 하고 위기를 기회로 만드는 기술을 개발해야만 한다. 1950년 6월 25일 한국전쟁을 일으키고 1953년 7월27일 휴전협정에 조인 후부터 지금 이 시각까지 북한의 전략은 명약관하하다. 북한 인민들에게 주입하는 역사적 명제는 미제에 의해 억압 받고 있는 남조선을 구출하자. 이고, 군사전략은 "무력에 의한 남조선 적화통일이다." 그리고 또 하나의 지상과업은 김 씨 일가의 비밀금고에 간직되어 있는 가문의 보도(家門 寶刀), 바로 "일본열도 공격"이다. 이를 위해 '남조선 적화통일'을 위한 제반 준비는 이미 김일성 시대에 완성시켜 놓았다. 예를 들자면, 지금 당장 전쟁을 하드라도 별도의 준비(병력 재배치) 없이 그대로 군사력을 움직이면 될 준비가 되어 있다. 즉 군사력의 60%를 전방에(남포~원산이남) 추진 배치 시켜 놓았고(지하화/갱도화), 식량 6개월분, 탄약 6개월분, 유류 3개월분, 생필품 6개월분을 전투예비물자로 저장해 두고 있다.

'일본열도 공격'을 위한 준비로는 김정일 시대에 대부분 준비가 끝났고 김정은 시대에 최적화시켜 놓았다. 즉 핵 및 미사일 개발과 핵의 소형화, 화생무기 개발, 장거리 해상 이동을 위항 잠수정 개발, 일본열도 현지작전을 위한 특수부대원 양성, 일본의 전쟁지도체제 마비를 위한 사이버공격수단(EMP탄, 해킹)을 준비해 두었다. 그렇다면 모든 준비가 다 끝이 났는데 왜 행동을 미루고 있는 것인가. 여기에는 바로 주한/주일 미군의 군사력 때문이다.

『전쟁은 정치지도자의 정치적 야욕에서 비롯되지만 그 정치지도자는 상대국가 국민의 나약한 구석을 바라보고 전쟁을 일으킨다. 그러나 분명한 것은 백번을 생각해도 반드시 승리할 수 있어야 하고 승리를 하드라도 그 전쟁에 소요되는 전쟁경비를 충족시킬 수 있는 전쟁결과를 얻을 수 있을 때만 전쟁을 일으키게 된다.』 그러니까 북한의 전쟁천재들이 생각할 때, 반드시 이길 수 있는 분위기가 아직 성숙되지 않았다고 보는 것이다. 그러나 이 분위기는 삽시간에 돌변할 수 있다. 그것은 북한의 정치상황이 걷잡을 수 없는 벼랑 끝으로 몰리는 어떤 사태가 전개되는 시점이라고 보면 된다.

북한 김정은은 많은 고민에 빠져 있다. 지금 당장 전쟁을 속행 했으면 하는데 국내 사정이 총력전 상태로 돌입하는데 여건이 성숙되어 있지 않다는 정보를 접수했기 때문이다.

최근 미국과 일본의 관계가 급속도로 진전이 되고, 남조선과의 관계도 개선이 되고 있는 시점이라 어느 정도 시간을 두고 '평화공존 전술'을 시행한 다음 모두들 느슨한 관계로 분위기를 변화시킨 다음 행동을 단행한 것이 바람직하다는 내용이다. '일본열도 공격'은 중국과 러시아의 도움 없이, 사전 예고도 없이, 단독으로 진행할 참이다. 이 계획이 성공하면 남조선의 문제는 '손에 피 한 방울 묻이지 않고 그냥 챙길 수 있다.' 이것은 선대(김일성)가 하명한 것으로써 과거 한국전쟁으로 한반도가 폐허화된 쓰라린 경험을 했기 때문에 '일본열도 공격'에 성공하면 남조선은 그냥 따라오는 전리품이 된다는 것이다. 그리고 미국과는 신속하고 활발한 외교 교섭을 통해서 전쟁 종식 후 주한/주일 미군 주둔을 그대로 용인할 수 있으며 외교관계 내지는 동맹관계로 발전시키자는 파격적인 제안을 하겠다는 복안이다. 그렇다면 중국과 러시아와의 관계는 어떻게 할 것인가.

선대나 선친으로부터 이어져 오는 속내에는 늘 중국에 대한 불만이 깔려 있었다. 통 큰 지원을 기대했으나 항상 죽지 않을 만큼 못이긴 척 지원을 하고 '고기 잡는 방법'도 가르쳐 주지 않는다는 불만이다. 그래서 언젠가는 중국으로부터 홀로서기를 해야 한다는 말을 귀에 딱지가 끼일 정도로 들었다. 그러니까 '일본열도 공격의 날'이 중국으로부터 벗어나는 날이 되는 셈이 된다. 만약에 중국이 원한다면, 현재의 '동맹관계'에서 러시아와 같은 '전략적 동반자 관계'로 관계유지는 할 수 있다. 반면에 러시아는 지금과 같은 '전략적 동반자 관계' 그대로 이어 나가겠다는 복안이다.

종합해 보면,

북한이 김일성, 김정일, 김정은으로 이어지는 가계를 우상화하고 권력 3대 세습을 강행하는 데는 물러설 수 없는 다음과 같은 다섯 가지 이유가 있다. 첫째, 일국 공산당 지도자로서 초라한 창업주 김일성의 경력을 덮기 위해서 둘째, 가문을 중시하는 우리 국민의 전통적 심리를 이용하기 위해서 셋째, 김정일, 김정은으로 이어지는 권력 세습을 위해서 넷째, 김일성의 사후 스탈린, 마오쩌둥 같은 격하를 막기 위해서 다섯째, 그동안 북한이 저지른 철저한 근대사 날조를 은폐하기 위해서이다.

지도자가 되기에는 너무 초라했던 김일성의 항일 경력

북한 역사의 날조는 1945년 김일성의 평양 등장 시기부터 어쩔 수 없이 시작되었다. 사실대로의 김일성 경력으로는 도저히 그를 공산당 지도자로 내세울 수 없었기 때문이었다. 그래서 제일 먼저 소련군 당국이 김일성의 경력을 날조하기 시작했다. 소련군은 최초로 북한의 김일성을 동북항일연군의 제6사장 김일성으로 곧 보천보 사건의 주인공으로 위장했다. 이것이 맨처음 각본이었다. 그러나 김일성의 경력은 아무리 위조해보아도 당시 쟁쟁했던 국내의 공산당 지도자들에 미치지 모했다. 특히 박헌영 등 국내파 공산주의자들은 일제의 가혹한 탄압아래서 지하운동을 벌였는데 김일성에게는 그런 경력이 전혀 없었다. 그래서 북한은 김일성의 증조부 등 선대가 국내에서 반제국주의 항일투쟁을 벌였다고 날조하고 영웅화해서 김일성에 대한 후광효과를 삼았다.

공산주의 사회에서 세습 집권은 범죄

더욱이 1970년대 들어와서는 권력세습을 정당화해야 할 정치적 필요성이 생겼다. 이때부터 김일성은 제 아버지 김형직의 가르침을 잘 지키고 그것을 실천하는 데도 창의적이었다는 식으로 역사를 바꾸었다. 북한이 김정일로의 권력세습을 당연시하려고 과거의 역사를 대폭 뜯어고쳐 내놓은 것이 1979년과 1982년 사이에 나온 〈조선전사〉다. 공산당의 반봉건 투쟁이란 가족주의, 혈연주의를 반대하여 투쟁하는 것이다. 세습집권은 반봉건투쟁주의자에게는 최악의 범죄이다. 그러나 김일성의 조선노동당은 1970년대 들면서 세습집권 태세를 널리 퍼트리기 시작했다. 1970년대는 전세계에 공산국가가 여전히 많이 남아 있던 시기였다. 그래서 공산국가든 자유주의국가든 가리지 않고 전 세계로부터 비난이 평양으로 쏟아졌다. 그러나 김일성에게는 이런 비난을 무릅써야 할 말 못할 속사정이 있었다. 그것은 바로 자신의 사후 격하를 막기 위해서였다. 절세의 영웅으로 추앙 받아온 김일성은 죽은 후에 최고의 반역자로 낙인찍히는 것이 두려웠던 것이다. 스탈린도 마오쩌둥도 정적에 의해 매도되고 격하된 것이 아니었다. 모두가 충직했던 동지요 부하들이 그렇게 만든 것이다. 김일성은 그래서 혈육인 아들에게 권력을 세습해서 사후의 단죄를 면해보려고 했던 것이다. 이는 김정은에게 권력을 세습한 김정일도 마찬가지였다.

역사 날조를 유지하기 위해 우상화 지속

인류 역사에서 그 어떤 폭군이나 지도자도 자기 경력을 거의 100% 날조한 예는 없다. 더구나 남의 투쟁 경력을 자신의 투쟁 경력으로 만들고 자기의 집안 역사를 완전히 날조한 예는 찾아볼 수 없다. 그러나 김일성은 이 모든 일을 저질렀다. 게다가 날조된 역사를 지키기 위해 자기의 절대적 권력 유지와 세습 정권 구축에만 전력을 기울였다.

유년시절부터 우상화 교육은 정평이 나 있다. 자녀가 부모의 정체성을 신고해서 교화소에 가도록 만들고, 집집마다 부모와 가족의 사진은 없어도 김일성 사진은 집안 제일 한가운데 모셔 놓고 아침 저녁 경의를 표해야 하는 절대 지존, 절대 존엄으로써 숭배를 하도록 하고 있다.

몇 년 전, 북한 예술단원이 방문 했을 적에 어느 지방에서 환영의 의미로 김일성, 김정일 사진이 인쇄된 현수막을 도로 위에 걸어 놓은 적이 있었다. 그 아래로 예술단 단원이 탑승한 차량이 지나 가든 중에 때마침 내리는 비로 인해 현수막이 젖어 있었다. 이를 목격한 단원 중 한 명이 '큰 소리로 고함을 치며, 수령님이 비를 맞고 계신다면서 어서 빨리 걷어서 비 맞지 않게 모시라며 난리를 친 적이 있었다.' 차를 세우고 곧바로 현수막을 걷었고 그 장면이 한국사회에 대서특필 되면서 예상치 못한 반공교육이 자연스럽게 이루어진 적이 있었다.

남북한 모두 김일성의 엉터리 항일무장투쟁사에 지배 당하고 있다.

현재 우리 국민은 북한 김일성의 항일무장투쟁사가 날조되었다는 사실을 제대로 모르고 있다. 더욱이 북한 동포들은 그것이 진실의 역사인 줄 알고 있다. 심지어 한국으로 온 북한 이탈 동포들까지 이런 역사 인식을 갖고 있다. 대다수는 김정일, 김정은이 잘못해서 북한이 살기 힘든 사회가 되었지만 김일성 시대에는 아주 훌륭한 사회였고 한국이 아니 북한에 민족사의 정통성이 있다고 믿고 있다. 남북한의 국민이 이런 생각을 갖게 된 데는 이유가 있다. 북한은 당이 가르치는 것을 무조건 수긍하지 않을 수 없는 체제다. 거듭되는 교육, 선전, 학습, 교양운동을 통해 당의 가르침을 무조건 옳다는 신앙이 생기게끔 하는 것이 북한의 통치 방법이다. 동시에 북한은 전 세계를 향해 김일성의 항일무장투쟁사를 선전하고 자랑하며 광고한다. 이를 위해 숱한 돈을 쓰며 온힘을 쏟아붓는다.

여기서 가장 심각한 영역이 항일 독립운동사이다. 우리 역사학계가 독립 운동사를 제대로 연구하지 않다보니 이 틈새에 김일성 집단이 파고들었다. 그래서 있지도 않은 '김일성 항일무장투쟁사'를 거대하게 창작해 놓고 기정사실로 밀어부티고 잇는 것이다. 이 구도를 밀어붙인 것이 북한은 항일 빨치산의 후예들이 세운 나라이고 남한은 미국 제국주의를 등에 업은 친일파들이 세운 나라라는 주장이다. 안타깝게도 현재 대한민국에는 그 엉터리 주장을 믿는 사람이 상당수 살고 있다.

3대 세습의 합리화와 체제유지를 위해 '신의 한 수-전쟁'이란 수단을 만지작거리고 있다.

우리는 아닌데, 절대 그러고 싶지 않은데, 우리를 억지로 전쟁판으로 끌어드리는 세력이 있다. 미국은 엄청난 군사력으로 남조선과 결탁해서 한반도에서 전쟁과 같은 군사작전을 펼치고, 미국의 '전략자산'이라며 항공모함, 스텔스기, 조기경보기 등을 연일 조선반도 지역으로 투입하면서 위력시위를 하고 있다. 뿐만 아니라 특수부대원을 상륙시켜, 남조선 특수부대와 연합작전으로 우리 지도자 동지를 참수(斬首: 목을 벰)하는 작전을 하고 있다며 TV 방영을 하고 있다. 그리고 UN을 볼모로 우리를 국제사회의 미아로 만들려는 각종 제재를 쏟아 내고 있다. 일본은 우리를 핑계로 2차 세계대전의 엄청난 과오와 36년 간 한반도를 침탈한 죄, 중국을 능멸한 죄, 그리고 대동아공영을 위해 아시아권에 저질은 온갖 만행을 씻으려고 미국과 손잡고 평화헌법을 고쳐 제2의 야만적 도전을 감행하고 있다.

이것을 알고도 그냥 방치해 둘 수 없다. 일본이 더 빗나가기 전에 싹을 도려내야만 한다.

중국과 러시아의 이중 잣대도 예사스럽지 않다. 망망대해에 홀로 떠 있는 범선 같은 신세를 한탄만으로 역경을 극복하기에는 너무나 다급하다. 선대와 선친의 유업을 달성하고 '김 씨 가문의 영광'을 위해 중대한 결심을 해야만 할 때가 서서히 도래하고 있다.

제3부

북한을 에워 싼 안보환경

제1장
중국과 러시아의 이권 쟁탈

북한이란, 중국과 러시아 입장에선 금싸라기와도 같은 전략적 요충지이다. 중국에게는 자유민주주의 국가와의 완충지대(Buffer Zone)로서의 역할을 하고, 러시아에게는 부동항(不凍港)을 제공 받아 태평양으로 진출할 수 있는 교두보 역할을 할 수 있다. 지금 북한의 나진, 선봉이 바로 그렇다.

그 외에도 효용가치는 무궁무진하다. 중국은 동북3성의 경제 낙후지역인 훈춘에서 나진, 선봉까지 고속도로를 개통해서 군사목적 항과 어업전진기지로 활용하고 있고, 뿐만 아니라 북한 내의 지하자원을 싹쓸이 하고 있다. 러시아는 블라디보스토크에서 나진, 선봉까지 열차를 개설해서 북한의 자원과 러시아의 에너지를 교환하고 이곳에서 쭉 한국과 아시아권까지 가스 송유관 개설을 꿈꾸고 있다. 부분적으로 자유민주주의 국가와의 완충지대로서 역할 또한 보탬이 되고 있다. 이러한 북한이 어떤 망나니짓을 해도 감싸들고 있고 UN에서의 방패막이 역할을 자임하고 있는 것이다.

이러다 보니 북한 핵을 해결한답시고 2003년 8월에 구성된 '6자회담'이 현재까지 아무런 성과 없이 지지부진하다. 의장국인 중국의 미온적 태도가 오늘날 북한의 핵 무장을 도와준 꼴이 되고 말았다.

북한은 이들의 약점을 꿰차고 있다.

북한은 핵실험이나, 미사일 발사 실험이 국제사회에서 어떤 반향을 불러일으킬지 잘 알고 있으면서도 시침이 떼고 모른척하며 중국과 러시아가 알아서 처신하도록 내버려 두고 있다. 지금까지는 어떻게든 양국이 귀신같이 알아서 척척 해결해 주고 있다.

중국과 러시아의 속마음에는 북한이 계륵(鷄肋: 닭의 갈비-버리자니 아깝고 먹자니 먹을 게 없고)과 같아 보이지만 실제로는 요모조모에 요긴하게 활용될 수 있는 요술방망이 정도로 보고 있다.

중국과 러시아는 나름 대국이라 큰 그림을 그리지만 북한을 이용해 미국의 신경을 건드려 양국의 위상을 높이는 역할을 한다.

북한의 SLBM(Submarine-Launched Ballistic Missile : 잠수함발사탄도미사일) 발사 실험은 은밀하게 러시아의 기술지원을 받았고, 이 실험이 성공됨으로서 미 본토까지 핵을 투발할 수 있는 수단을 갖추게 되어 미국은 보통 성가신 게 아니다.

그리고 각종 대량살상무기 실험을 할 때 마다 미국은 6자회담 의장국인 중국에게 어떤 역할을 해 달라고 매달린다. 이렇듯 북한은 최대한 도드라지는 일탈행위를 함으로써 일거삼득, 사득의 효과를 보고 있다.

중국에게는 무상원조지원을 떳떳하게 받아내고, 러시아에게는 에너지 지원과 각종 군사과학기술을 받아내고 있다. 미국에게는 미, 북한 단독 회담을 성사시켜 남한을 따돌리려는 수단으로 활용하고, 남한에는 남남갈등을 부추기는 역할과 각종 무상지원을 받아내는 수단으로 많은 재미를 보았다.

어떻든 북한은 보기에 따라 추잡스럽고, 독립국가로써의 자질이 부족한 듯하고, 그야말로 국제사회에서 악의 축(Axis of evil) 국가로 지정받으면서도 (2002년 1월 29일 미국 부시 대통령이 연례일반교서에서 테러를 지원하는 국가로써 이라크, 이란, 리비아, 시리아, 쿠바, 북한을 거명 함) 일단 독특한 행위를 하고난 후 무엇이든 가시적으로 손에 쥐어져야만 성미가 풀리는 독특한 성격의 국가가 되었다. 게다가 최우방국인 중국과 러시아와의 관계에서 등거리 외교를 하며 양국을 쥐락펴락 하고 있다. 중국 시진핑 주석이 김정은을 만나주지 않고, 북한을 홀대하는 경향을 보이자 대국답지 못하고 좁쌀할멈 같다며 험담하고 곧바로 러시아에 대규모 사절단을 보내 관계발전을 모색하는 모습을 보였다. 곧이어 중국 외교사절이 북한을 방문해 상호 불신과 오해를 불식시키고 양국 간이 '혈맹관계'임을 천명하고 다시 우의를 다지는 일들이 전개 되었다.

북한은 중국과 러시아를 호구(虎口 : 상대를 만만하게 봄)로 생각하고 항상 '통 큰 지원'을 해 주길 바라고 있다.

공산주의 종주국 위치 차지를 위한 '소리 없는 총성'

공산주의의 본류는 구소련이다. 하지만 두 국가의 운명은 각각 개혁개방을 선언한 후, 통치자의 통치철학에 따라 180도 다른 길을 가고 있다. 중국은 공산주의의 길을 가다가 그 사상적 본령을 유지한 체 '중국식 사회주의 시장개방형 모델'을 채택 했다.

이렇게 전격적인 체제변화를 시도한데는 지도자의 선견지명과 실사구시(實事求是: 사실을 토대로 두어 진리를 탐구, 고증을 바탕으로 하는 과학적, 객관적 학문 태도)를 중히 여긴 '덩샤오핑'의 탁월한 지도력이 있었기 때문이다. 반면에 러시아는 이전에 미국과 경쟁할 정도로 기초적인 생활수준이 어느 정도 갖추어져 있었으며, 서구에 가까운 문화적 배경과 개혁 초기부터 대통령제 정착으로 권력 투쟁의 소지가 적을 것으로 생각했으나 이 모두가 반대 현상이 나타나면서 천연가스 등 풍부한 지하자원이 있음에도 불구하고 분출하는 자유시장경제체제의 봇물을 통제하지 못하고 쇄락의 길을 걸었다. 경제력과 군사력은 비례하는 것으로 짧은 기간에 경제적 부흥을 이룬 중국은 군사력 또한 병행 증강시키면서 단숨에 공산주의 종주국 러시아를 추월하고 말았다. 아직 우주과학 기술 등 군사과학에서는 러시아가 앞서지만 대량 물량공세로 밀어붙이는 중국을 따라잡기에는 점점 거리가 멀어지는 현상이다.

따라서 '철의장막(鐵-帳幕 : iron curtain-제2차 대전 후 소련 진영에 속하는 국가들의 폐쇄성을 풍자한 표현)과 죽의 장막(竹-帳幕 : bamboo curtain-중국과 자유진영 국가들 사이에 가로 놓인 장벽을 중국의 명산물인 대(竹)에 비유하여 이르는 말) 사이에 보이지 않는 암투가 지속되는 가운데 외양적으로는 양국이 상당히 가까워져 있는 분위기이다. 겉으로 나타나고 있는 양국의 우의의 실체가 어느 정도 신뢰성이 있느냐 하는 것은 공산주의 원리에 대입해 보면 금세 알 수 있다. 즉 한 울타리 또는 한 우물이나 영역에서 두 마리의 용(龍)을 용납하지 않는 것이 공산주의의 본질이고 보면 둘 사이에 금이 가는 것은 시간문제 이다. 어쨌든 지금 당장은 러시아가 배가 아파도 국제사회 각 분야에서 G-2로서의 자리매김을 꾸준히 해 나가고 있는 중국에 대해서 쳐다만 봐야하는 것은 부인할 수 없는 엄혹한 현실이다.

필자의 출간 서적 '한반도 전쟁 무서워하지 마'에서 언급한 바 있는, 러시아가 중국을 능가하고 제2의 도약을 할 수 있는 유일한 첩경은 한국과 손잡는 일 외에는 뾰족한 수가 없음을 다시 한 번 강조한다.

공산주의 거물 '스탈린과 마오쩌둥'의 실체

1950년 6월 25일 새벽 4시 기습 남침으로 촉발된 **'한국전쟁'의 원흉은 스탈린이 총괄 기획하고, 마오쩌둥을 연출 겸 주연으로 지정, 김일성을 행동대장으로 남파시킨 전쟁이다.** 이 전쟁에서 패한 김일성을 두 거물은 차버리지 않고 끝까지 신뢰를 보이면서 오늘날 북한을 탄생시켰다.

북한은 70년의 세월이 흐르도록 이 두 나라에 감사하며 끈끈한 관계를 유지해 오면서 3대 세습이라는 세계사적 신기록까지 선물을 받았고 위기가 닥칠 때는 고비 고비 마다 적절하게 번갈아 저울질하며 어렵사리

정권을 유지하고 있다.

스탈린, 마오쩌둥, 김일성은 서로 '혈맹관계'임에 대해서 의견이 일치한다. 김일성이 남침할 때, 정규군으로서 속도전을 감행한 것은 소련의 '전격전' 술(術)을 따랐고, 소규모 전투작전에서 한국군과 UN군을 공격할 때는 모택동의 '유격전술'을 따라했다.

둘 다 작전 및 전술적으로는 모두 성공했다. 다시 말해서 한국군 및 UN군의 많은 피해는 모두 이 작전 및 전술에 희생이 되었다.

오늘날 북한군의 군사전략에 꼭 포함되고 있는 것은, 과거 한국전쟁의 경험을 토대로 '속도전'으로 3일 내 수도 서울을 함락시킨다. 그리고 그 과정에 정규전과 비정규전의 배합작전으로 적을 지대 내에서 섬멸한다.는 대원칙을 고수하고 있다. 그 외 기습전략과 총력전의 수행, 비대칭 및 제한전 중심의 작전이 군사전략에 포함되어 있다. 이렇듯 스탈린과 마오쩌둥의 그림자는 늘 북한 상공을 드리우고 있으며 보이지 않는 큰 손 역할을 하고 있다. 이러한 두 거물의 내밀한 부분을 한 번 짚어보려고 한다.

먼저 스탈린은, 역사에 이름을 남긴 뛰어난 정치가들과 전쟁전략가들은 무수히 많으며 인류역사의 수레바퀴는 그런 인물들에 의해서 돌아가고 있다. 한국전쟁의 진상과 두 동강 난 한반도의 진상을 밝히는데 중요한 위치를 점하고 있는 것은 바로 스탈린과 마오쩌둥이다. 스탈린은 레닌의 교시에 따라 국가를 통치했으며 레닌은 소비에트 정부 건립 초기부터 중국과 인도 등 동방국가들의 혁명적 중요성을 강조 했다. 스탈린은 특히 중국 정세의 변동을 예의 주시했다. 북경에 신임 미국 대사

헨리가 부임하여 장개석을 전적으로 지지함을 표명했을 때 스탈린은 중국내 미국의 영향력이 강해지게 되면 소련의 상황이 불리하게 될 것이라는 점을 알아차렸다.

그러나 스탈린은 중국과 인도에서의 혁명세력의 승리가 공산주의에 유리하게 작용할 것이라는 레닌의 교시는 잊지 않고 있었다. 1930년대 초 스탈린은 마오쩌둥과 중국공산주의자들에 대한 전면적 지원에 관한 코민테른(comintern : Communist International

1. 전 세계 노동자 국제조직)과 러시아공산당 (볼세비키 : Bolsheviki)

2. 다수파, 혁명주의자 또는 과격파/ 반대파로써 멘세비키가 있음

Mensheviki: 소수파 또는 사회주의 우파) 중앙위원회의 업무를 직접 관장하기 시작했다. 스탈린은 중국공산주의자들이 극동지방에서소련의 이해에 반하는 병력운용을 했을 당시에도 지원을 중단하지 않았다. 스탈린의 심중에는 아시아지역으로의 혁명수출에 마오쩌둥을 이용하려는 계획을 세우고 있었기 때문이다.

1945년은 동아시아국가들의 역사에 큰 변화가 있었던 해다. 8월 15일 일본이 무조건 항복을 선언한 후 9월 2일 도쿄만의 미국 전함 '미주리' 선상에서 일본의 항복에 관한 문서가 조인되었다. 항복문서에 따라서, 일본은 무장해제와 점령지역으로부터의 무조건 철수를 선언했다. 그리고 모든 군사행동을 중단했고, 군사와 민간시설들을 양도했다. 아울러 모든 포로와 민간인 수용자들을 석방했으며 일본 왕과 정부도 연합군 최고사령관의 지시에 따라야 했다. 항복문서 조인 후 일본군은 저항을 중지했으나, 동남아시아, 동아시아 지역, 특히 중국 중북부의 일본군 무장

해제는 쉽게 이루어지지 않았다. 이 지역으로부터 일본군 철수문서가 9월 9일 남경에서 조인되었으나 형식에 그치고 말았다. 1948년까지 장제스는 일본 군대를 마오쩌둥에 대항하는 데 이용했으며, 그 이후 몇 개월 동안에도 22만 5000명의 일본병사들이 중국 기지에서 방위임무를 수행하였다.

일본의 항복으로 전쟁이 끝남에 따라 극동지역의 중국, 한인공산주의자들은 그 지역에 새로운 체제를 구축할 좋은 기회를 얻게 되었다. 그러나 중국과 한국인들은 공산주의체제를 환영하지 않았다. 장제스는 미국의 지원을 바탕으로 전 중국에 걸쳐 전쟁준비를 해나갔으며, 미국정부는 중국의 '내적 평화'를 유지하며 일본군 무장해제를 지원한다는 명목으로 천진, 청도 등지에 병력을 상륙시켰고, 북경을 점령했다. 1945년 말 중국에 주둔한 미군숫자는 11만 3000명에 달했다. 미군으로부터 대규모 군사원조를 받은 국민당은 미군과 일본군 연합으로 마오쩌둥 군에 대한 전쟁을 벌여나갔다. 이런 상황에서 중국공산주의자들은 소련의 지원을 기대했으며, 소련은 이에 응했다. 이로 인해 만주지역은 스탈린의 도움으로 중국에 편입되었으며, 중국공산군은 튼튼한 후방을 갖게 되었다. 극리고 그 지역에서 소련의 도움으로 많은 군사전문가들을 양성하였다. 1945년 8월 14일 소·중 조약에 따라 소련정부는 장제스의 국민당 군이 대련항을 통해 만주로 이동하는 것을 허용하지 않았고, 일본군으로부터 압수한 수백 대의 항공기, 탱크 등과 수천문의 대포, 기관총과 전함들을 북동 중국 인민연합군에 넘겨주었다. 이 지원에 힘입어 만주연합군은 국민당 군에 대한 공세를 시작했고 결국 승리하여 '중화인민공화국'을 건설했다.

중국공산주의자들에게 소련의 정치적 지원은 무척 중요한 요소였다. 1945년 2월, 얄타회담 시에 소련은 대일참전을 선언했을 뿐 아니라 소 · 중 우호 동맹조약을 체결하여 중국해방을 군사적으로 지원하겠다는 의사를 표명하였다. 1945년 4월 5일, 소련은 1941년에 일본과 체결한 중립조약의 무효를 선언했으며, 모스크바에서 소 · 중 협상이 시작되어 8월 14일에 소 · 중 우호동맹조약이 체결되었다. 국제적 지위가 강화되었다는 점에서 이 조약은 중국에게 매우 중요한 것이었다. 중국공산당은 이 조약을 높이 평가하였다. 전후 중국에서 벌어진 첨예한 대립에 있어서, 스탈린은 변함없이 마오쩌둥을 지원하였다. 1945년 5월, 스탈린은 중국공산당 중앙위원회부의장 유소기와 중앙위북부부지부비서 고강을 대표로한 중국공산당사절을 접견하였다. 1945녀부터 중화인민공화국 건국 시까지 만주에는 소련공산당 대표부가 주둔했다.

마오쩌둥에게 있어서 소련의 경제적지원은 매우 귀중한 것이었다. 전후 중국경제는 아주 어려운 상황이었다. 중국 내에는 인플레와 실업이 기승을 부렸고, 수천만 명이 굶주리고 있었다. 이런 상황은 1946년 중반에 국민당 군이 대공세를 벌여 20만km2를 점령했던 시기에 더욱 악화되었다. 이런 상황에서 만주는 중국공산당에게는 더욱 중요했다. 스탈린의 지시에 따라 이 지역의 마오쩌둥 군대에게 연료, 자동차, 의약품, 석탄, 의류 등이 지원되었다. 중국공산당 중앙위원회의 요청에 따라 소련 기술자들이 철도, 산업시설들을 조성하고 기술자를 양성하는데 참여했다. 이에 마오쩌둥 군대는 강력한 공세를 펼쳐 완전한 승리로 마감 한다.

마오쩌둥은 어떤 인물인가?
그는 여전히 많은 사람들에게 신비한 인물로 기억되고 있다.

마오쩌둥은 스탈린보다 14년 늦은 1894년 12월에 태어났다. 그의 아버지는 상인이었으며 자식도 상인이 되기를 바랐다. 그러나 젊은 마오쩌둥은 힘겹고 위험한 혁명가의 길을 택했다. 1919년 그는 처음으로 마르크스-엥겔스, 레닌의 저서들을 접하게 되었다. 그가 공산주의자가 된 것은 '공산당 선언'과 '계급혁명론'을 읽은 1920년이었다. 마오쩌둥 인생에 전기가 마련된 것은, 주덕, 팽덕회, 하룡 등이 최초로 권력투쟁을 위한 무장조직을 구성한 1927년이었다. 그는 43세 때 군지휘자가 되었고 중국내 핵심 인물이 되었다. 1945년 이후 그의 주도하에 중국에는 전체주의적인 국가가 구성되었다.

1948년 10월 1일 북경에서 중화인민공화국을 선포한 즉시, 마오쩌둥은 모스크바를 방문했다. 스탈린을 만난 마오쩌둥은 '우리는 위대한 국가를 건설하고자 합니다. 우리가 해야 할 일은 어려운 일이며 우리는 경험이 부족합니다. 따라서 우리는 소련의 경험을 통해 배워야 합니다.'라고 말했다.

스탈린의 특사로서 마오쩌둥과 함께 지낸 적이 있는 코발리예프 장군의 증언은 마오쩌둥의 성격을 잘 밝혀주고 있다.

1948년 5월 중순, 나는 당 중앙위로 호출되어 스탈린을 만났다.

스탈린은 내게 마오쩌둥으로부터 방금 받은 전문을 보여주었다.

마오쩌둥은 중국공산당이 군사적 경험은 많으나 경제적 경험이 부족하여 대규모 경제를 운영할 능력이 없으니, 경제문제 해결과 철도건설을 위한 전문가들을 파견해달라고 썼다.

정치국 결정에 따라 내가 그 사절단의 대표로 임명되었고, 우리는 6월 초에 중국으로 떠났다. 당시 공식적인 나의 직함은 중·소간 공유하는 장춘철도공사에 소속된 소련각료회의 대표였다. 이는 우리가 중국공산당을 지원한다는 것을 은폐하기 위한 것이었다. 우리의 모든 업무는 극비리에 진행되었다.

스탈린은 중국에 관한 모든 사항을 파악하고 있었다. 마오쩌둥은 아주 사소한 부탁까지도 스탈린에게 직접 하였다.

나의 중국에 관련된 모든 업무는 필립에게만 보고 하였다. ('필립'은 중국공산당 지도부와 암호전문을 교환할 때, 스탈린을 지칭하는 이름이었다.)

1948년 12월 다시 모스크바로 돌아왔고, 스탈린에게 중국에서의 업무를 직접 보고하였다. 1949년 1월 다시 중국으로 갔으며, 이 때 미코얀(부수상)을 수행했는데, 그는 중국공산당 지도자들과 비밀협상을 했다. 이 때 나는 처음으로 마오쩌둥, 유소기, 주은래를 직접 만났고 이 후 긴밀한 업무관계를 유지했다. 이후부터 중국에서의 업무에 많은 변화가 있었다. 이전에는 중국에 대한 기술원조였지만, 이후부터 나의 주 임무가 중국공산당지도부의 상황과 중국 내 정세를 스탈린에게 보고하고 마오쩌둥과 스탈린 간의 연결을 책임지는 것이 되었다.

1949년 3월 중국정부는 북경으로 옮겼다. 내게는 북경근교에 주택이 제공되었고 이때부터 거의 매일 마오쩌둥을 만났다. 내가 중국에서 일한 기간 중 가장 기억에 남는 일은 1949년 12월에서 1950년 2월 중 마오쩌둥과 함께 모스크바에 왔던 일이다. 당시 스탈린과의 길고도 힘겨운 협상 끝에 양국 간의 우호와 협력, 상호원조에 관한 조약을 비롯한 기타 주요한 조약들이 체결된 것이다.

1949년 말, 마오쩌둥은 중화인민공화국의 지도자로서 모스크바를 방문했다. 후일 그는 그 때의 방문을 몹시 분개하며 회고하기도 했다. 타국을 방문하는 것은 부끄러운 일이라고 생각했다. 전통적으로 중국황제는 중국 밖으로 나가지 않았으며, 타국의 통치자들이 중국을 방문했던 것이다.

마오쩌둥은 모스크바가 북경보다 우위에 있다는 점을 실질적으로 인정하고 스탈린을 방문했다.

두 사람은 극동의 군사, 정치적인 상황을 면밀하게 검토했다. 이 들은 금년 초 여름이 대만과 조선의 문제들을 완전히 결정짓는데 있어 절호의 시기가 될 것이라는 데에 의견이 일치했다.

'심야회담'이 진행되는 동안 마오쩌둥은 중국혁명의 승리와 함께 아시아의 군사, 정치적인 세력이 질적으로 새롭게 재편되었다는 점을 중시했다. 1950년 초 아시아에서 미 제국주의에 단호하게 대처하기 위한 유리한 상황이 조성되었다고 보았다.

마오쩌둥과 스탈린은 두 이웃 국가인 소련과 중국의 인적, 자연적 그리고 군사, 정치적인 공동자원과 가능성에 대한 상관적인 변수들을 오랫동안 면밀하게 검토, 평가했다. 그 결과 서방의 총체적인 군사적 잠재력에 비해 소련과 그 동맹국들의 우월성이 계속해서 유지되고 있다는 결론을 얻었다. 대담자들은 여러 차례 대만 문제를 심도 있게 다루었다. 스탈린은 이 섬이 수도 북경과 '뗄 레야 뗄 수 없는 중국의 한 부분'이라는 주장을 전적으로 지지했다.

또한 두 지도자는 '아시아에는 두 개의 종양 즉 장제스의 대만과 이승만의 남한이 존재한다.' 고 했다.

스탈린은 '두 개의 종양' 제거 수술이 임박했다고 결론지었다.

'신생 중국이 나서서 대만 문제를 해결하도록 해야 되고, 소련이 직접 조선 문제를 처리하도록 해야 합니다.' 이렇게 1949년 12월 말, 모스크바 근교의 스탈린 별장에서 있은 '심야회담'에서 조선의 운명이 예정되었던 것이다. 스탈린과 마오쩌둥은 이미 서울의 상공에 공산주의 적기(赤旗)가 나부끼는 것을 보고 있었다.

중국의 THAAD 편들기는 북한 짝사랑의 막장 드라마

사드에 대한 중국의 외교정책은 21세기 들어서 최악의 악수(惡手)를 두고 말았다. 그동안 개혁 개방을 추진하면서 경제력도 성장했고, 군사력도 증강 되었지만, 외교정책에서만은 늘 불안 불안한 모습을 보여 왔다. 대범하고 의연한 척하지만 '좁쌀 할멈' 같이 속이 좁고, 배려할 줄 모르고, 시기와 질투가 범벅이 되어 겉과 속이 다른 이기주의적 국가로 국제사회에 점 찍혀지고 있다.

이것은 중국의 역사가 증명하고 있다. 늘 민족 내부 전란으로 점철되어 왔었고, 외세에도 지배되었으며, 국가이익 또는 특정인의 정치적 야욕을 위해서는 백성 수 천 만 명이 목숨을 잃어도 눈도 깜박하지 않았던 국가이다. 그럼에도 오늘날 천하통일을 이룬 자국의 역사에 대해 무한 긍정적이고 자부심을 가지고 있다. 따지고 보면 제대로 국가 구실을 하고 존경 받고 산 역사가 일천하다고 보면 된다. 때문에 그들에게는 경제력이든 군사력이든 무슨 힘으로든 상대 국가를 휘어잡으면 된다는 그들만의 역사를 되풀이 하고 있는 것이다. 그동안 자리를 잡아가는 20여년 동안은, 그들의 외교정책인 도광양회(韜光養晦 : 일부러 몸을 낮추어 상대방의 경계심을 늦춘 뒤 몰래 힘을 기른다.)로 땅만 바라보고 힘을 길렀다. 그러다 2013년 시진핑 주석이 정권을 잡은 후 보랍시고 대국굴기(大國屈起: 강대국으로 우뚝 선다.)로 급선회해서 국제사회에 노골적으로 대들고 있다.

사드 한반도 배치에 따른 중국의 행위는 도를 넘치고 있다.

THAAD란, 전역 고고도 지역방어(Theater Altitude Area Defense)로써, 길이 6.17m, 무게 90kg, 직경 34cm, 속도 마하 8.4, 가격은 발 당 110억 원, 최대요격 고도150km 이며, AN/TPY-2 고성능 X밴드 레이더가 있어 최대 탐지거리는 2,000km이나 실제 유효 탐지거리는 600km가 가능하다(1,000km 이상이 되어야 중국에 위협). 한반도 전역 방어를 위해서는 2-4개 포대(1개 포대 48발)가 필요하고 비용만 4-8조가 있어야 한다.

이는 사드에 대한 일반적 제원이며, 한반도에 배치 목적은 북한 핵 및 미사일 위협으로부터 주한미군의 전략자산을 보호하고 나아가 한국의 안보에 보탬이 되기 위한 순수한 방어 목적의 수단임을 누누이 강조하였고 더욱이 중국의 불편한 심기를 진정하기 위해(베이징까지 탐지거리가 닫지 않도록) 배치지역을 한반도 중부권 지역을 고려했다가 일부러 뒤로 물려 놓았다. 그럼에도 불구하고 중국은 온갖 횡포를 일삼으며 한국을 옥죄고 있다. 경북 성주의 롯데 골프장을 부지로 제공 했다며 중국에 나가 있는 롯데 기업의 활동을 전면 중지시키고, 한, 중 문화, 예술활동을 전면 금지 시켰으며, 한국제품의 수입금지 및 판매 중단 , 한국 전세기 운항 중단 등 급기야는 중국 관광객의 한국방문을 통제해 버렸다. 그 외에 소소한 지방정부간 교류, 민간 포럼까지 제한하는 등 국제상도의를 완전 저버리는 막무가내 식이다.

전 세계가 북한의 만행을 제재하고 있고, 중국도 동참해야 할 판에 아무 일 없다는 듯 보랍시고 북한에 관광을 확대시키고, 전세기를 띄우면서 우호관계라는 것을 강조하고 있다.

중국 언론과 정부당국에서 터져 나오는 말 폭탄은 가히 핵무기 급 수준이다. 최근 중국국방부 우첸 대변인의 발표를 보면, 한반도 사드 배치와 관련해 두 가지 강조하고 싶은 게 있다. 면서

첫째, 사드는 한국을 더 안전하게 만들지 못하고,

둘째, 중국은 사드 배치를 강력히 반대 하는데, 중국군은 절대 말로만 반대 하는 것이 아니라며, 은연히 협박을 했다. 급기야 미국 하원에서는 '중국의 사드보복'이라는 의제로 중국의 부당함을 의결 했고 국제기구인 WTO(World Trade- Organization : 세계무역기구)에 제소까지 고려하고 있고, 보다 못한 미국 트럼프 대통령은 북한 압박에 들어갔다.

모든 전략 자산을 한반도 주변으로 집결 시키면서 **'북한을 지도상에서 제거 하겠다'** 는 결기를 보이고 있다.

이것은 눈에 보이는 하수들의 꼼수로써, 중국은 한국을, 미국은 북한을 지렛대로 무슨 딜(거래)을 하려는 모습이다.

특히 중국의 꼼수는 명분도, 실리도 없는 패착을 두고 있다.

반면에 한국정부는 미온적이다. 그렇다고 정부를 탓할 수가 없다. 정부의 맞대응 전략이 분명이 갖추어져 있겠으나 그 카드를 유보하고 있는 듯하다. 롯데 외에 많은 기업들이 현지 활동을 하고 있고 유학생을 비롯한 다양한 분야에 진출해 있는 한국인들의 안전을 위해서 카드를 만지작거리고만 있는데, 괜찮은 전략으로 본다. 섣건드렸다가는 막다른 골목으로 내닫는 조울증 환자처럼 칼이라도 뽑아들면 더 큰 싸움판이 벌어질 수가 있기 때문에 제풀에 지칠 때까지 두고 보는 것이 상책이라고 본다.

다만 중국의 군사력 증강 한 분야에 대해서만은 간단하게 언급해야만 되겠다. 북한 신의주 북방 단둥에 배치되어 있는 둥펑- 41의 사정권(14,000km)은 일본열도를 지나 괌까지 샅샅이 들여다 볼 수 있고, 랴오둥에 위치한 둥펑-21(1,700km)과 둥펑-15, 산둥반도의 둥펑-15(600km) 수 백기는 한반도를 직접적으로 겨냥하고 있다. 이건 어떻게 할 건가. 한국에게는 탄도미사일 자체 개발에 사거리와 탄두 중량을 모두 제한(800km/500kg)하여 손발을 묶고 있으면서 중국은 미국에 대항 한다면서 항공모함 1척을 이미 실전 배치하고 또 한 척을 건조하는 등 마음대로 위력을 과시하고 있지 않은가.

이 모든 일련의 행동들은 명색이 세계 G-2의 경제대국이면서, AIIB(Asia Infrastructure Investment Bank : 아시아인프라투자은행) 57개국을 주도하는 국가로써, 중국, 인도, 러시아, 독일에 이어 제5위의 투자국가인 한국을 졸(卒)로 보는 행위로 볼 수 밖에 없다.

이 쯤 되면 이제 국제사회는 중국의 민낯을 그대로 볼 수 있고, 앞으로 중국과의 거래에 있어서는 늘 뒷감당할 대책을 마련해 두어야만 하는 '이상한 국가'로 낙인이 찍히게 된다.

북한을 손에서 놓치기 싫어 온갖 수모를 당하면서도 옹호해야만 하는 '대국의 불편한 진실' 앞에 모든 국가들은 망연자실하고 있다는 것을 오직 중국만 모르고 있는 것 같다.

이를 수밖에 없는 중국의 현실을 너무나 잘 알고 있는 북한은, 중국을 계속 시궁창으로 안내하고 있고, 점점 더 깊은 수렁인 지옥으로 몰고 가고 있다. 중국은 북한의 호구(虎口 : 만만한 상대)이니까.....

종합해 보면,

공산주의 종주국의 원조는 소련임이 명확하다. 마오쩌둥이 중국공산당을 창설하고, 중화인만공화국으로의 천하통일을 이룰 때까지 기반을 구축하는 데는 소련 스탈린의 적극적인 뒷받침이 필요했고, 고개를 숙여야만 했었다. 그 과정에 스탈린은 마오쩌둥의 내면을 파악할 필요가 있었고 여러 시험과정을 거쳐 인정을 했다.

마오쩌둥이 중국 지도자로 등극한 후에도 각종 군사, 경제, 정치적인 지원은 계속되었고 그 덕분으로 정치적인 안정을 찾아갈 수 있었다. 최소한 제2기 중국지도자 덩샤오핑의 집정시기 후반, 1992년 개혁 개방을 본격적으로 추진할 때까지는 러시아가 종주국으로의 위치를 갖추고 있었다. 중국의 경제가 본격적으로 년 10% 이상의 고도성장을 10여 년간 지속하면서 공산주의사회 자체 판도변화는 물론 전 세계경제의 시선이 중국을 주목하게 되었다. 명실 공히 공산주의 종주국가로서의 위상을 유지하고 있다.

반면에 러시아는 지금의 현실을 그대로 받아들이는 분위기이고 그야말로 '크레믈린(구소련의 궁전 : 철의 장막처럼 철저한 비밀유지-우리가 속을 들어 내지 않고 가만히 기회를 엿보는 사람을 일컫을 데 자주 사용함)처럼 행동을 하고 있는 분위기이다.

이렇게 두 공산주의 축(軸)이 암투를 하고 있는 동안 북한은 말기 악성종양으로 엄청난 고통을 받고 있으면서도 얼굴에 만면의 미소를 머금고 있는 것은, 지구상에서 악의 축(axis of evils)으로 찍혀 있는 북한이라는 사회주의 국가 하나를 두고 UN안보리 상임이사국인 두 거물, 중국과 러시아가 체면도 가리지 않고 서로 다투어 북한을 짝사랑 하겠다고 난리를 치는 모습을 보고 있기 때문이다.

제2장
한 · 미 · 일의 협공

북한 김정은의 지상과업은 체제유지이다.

이를 위해 국가의 모든 동력을 이곳에 집중시키고 그 정점에 대량살상무기인 핵, 미사일, 생화학무기가 자리 잡고 있다.

대량살상무기 개발에 매달리는 배경에는, 과거 동구권 공산주의 지도자 루마니아 대통령 차우세스쿠, 이라크 대통령 사담 후세인, 그리고 리비아 대통령 카다피의 몰락을 생생하게 목격했기 때문이다. 특히 리비아 카다피의 죽음은 북한 김 씨 일가에게 매우 큰 영향을 미쳤다. 그는 살아 있는 동안 미국과 상당한 교감을 이루었으며, 체제유지를 위해 핵개발을 밝혔을 때, 미국은 체제보장을 할 테니 핵개발을 포기하라고 했다. 이를 믿고 그는 핵개발을 포기하고, 서방국가에 개방을 선언 하였으며, 미국으로부터 테러지원국 명단에서 삭제되는 혜택도 받았다. 그러나 유전의 국유화와 국가재산을 사유화 하는 등 철권통치를 지속하다가 결국 반정부 시민군과 NATO군 연합작전에 목숨을 잃고 말았다.

북한은 잘 알고 있다. 개방을 하는 순간 무너진다. 그 때 국제사회에 나의 친구는 아무도 없게 된다. 중국도, 러시아도 마찬가지라는 것이다. 때문에 사생결단(死生決斷: 너 죽고 나 죽는)할 수 있는 자구책을 갖추지 않고는 모든 게 공허한 메아리라는 것을 이미 '가문에 유업'으로 확정지어 놓았기 때문에 '대량살상무기'의 개발과 고도화, 소형화는 그 누구도 막을 수 없는 불문율이 되어 있다.

'6자회담' 의장국의 추락된 존재감 → 사드(THAAD)로 돌파구 마련?

'6자회담' 생성 배경

북한은 1993년 3월 NPT(핵확산금지조약: Nuclear nonproliferation treaty)에서 탈퇴를 선언하였다.

이미 북한은 1985년 12월 이 조약에 가입함으로써 핵무기를 갖지 않겠다고 약속했다. 그런데 이 조약에서 탈퇴한다는 것은 곧 핵을 갖겠다고 선언하는 것이나 마찬가지다.

1994년 미국과 북한은 북한 핵문제 해결을 위해 제네바에서 합의를 하였다. 명칭은 '북한과 미국 간 핵무기 개발에 관한 특별계약(Agreed Framework between the United States of America and the Democratic People's Republic of Korea)' 이다. 북한은 핵을 포기하고 그 보상으로

미국은 북한과 수교를 맺고 에너지를 공급한다는 내용이다.

이 합의를 계기로 북한은 NPT에 복귀했으며 제1차 북한 핵 위기가 마무리되었다.

그러나 1998년부터 북한이 계속 핵을 개발하고 있다는 의혹이 제기되었다. 이러한 의혹은 미국에 부시 정부가 들어서면서 북한 핵에 대한 재 검정 요구로 이어졌다.

2001년 9.11. 테러 사태를 계기로 부시 대통령이 북한을 이란, 이라크, 쿠바, 수단, 시리아와 함께 '악의 축'으로 규정함에 따라 양국 관계는 급속히 냉각되었다.

2002년 10월 북한을 방문한 미국 특사 켈리(미 국무부 동아태 담당 차관보)가 북한이 여전히 농축우라늄과 같은 핵물질을 개발하고 있다고 문제를 제기했다. 그리고 제네바 합의를 위반했다면서 북한에 대한 에너지 공급 및 모든 지원을 중단했다. 북한 역시 미국이 제네바 합의를 위반했다고 비난하면서 북미불가침조약 체결을 요구하는 동시에 IAEA(국제원자력기구 : International Atomic Energy Agency) 사찰단 추방과 NPT 탈퇴 등으로 강하게 맞섰다. 이렇게 미국과 북한 양자 간의 제네바 합의가 무효화되면서 북핵 문제 해결 방안으로 강력하게 대두되기 시작한 것이 바로 한반도 주변 6개국이 참여하는 다자간 회의 틀인 '6자회담'이다. 이 회담에 의장국으로 중국이 담당하게 되면서 사실상 중국이란 나라가 처음으로 국제사회에 기여할 수 있는 기회도 잡으면서 당시 '부상하는 중국에 대한 위협론'을 일부나마 진정시키는 계기가 되었다.

지지부진한 회담 경과들

드디어 제1차 '6자회담'이 2003년 8월 27~29일 사이에 베이징에서 열렸다.

먼저 북한은 이 자리에서 농축우라늄 핵개발 계획에 대해 부정했다. 그리고 회담에서 4단계에 걸친 핵문제 해법을 제시했다. 제1단계로, 미국이 주유 공급을 재개하고 북한이 핵개발 포기 의사를 천명하며, 북미간 불가침조약을 체결한다. 제2단계로, 북한이 핵 사찰을 수용하고, 북-미, 그리고 북-일이 수교한다. 제3단계로, 미사일 문제를 해결하고 경수로를 공급한다. 제4단계로, 핵을 폐기한다. 반면 미국은 북한의 핵 폐기가 선행되어야 한다고 주장했으며, 북한이 핵을 폐기 한다면 미국은 북한에 경제지원과 식량지원을 할 수 있다고 했다. 회담 결과는 만족스럽지 못했다. 다만 의장국 성명을 통해 6자회담을 지속할 것이라는 여지를 남겨놓는 선에서 마무리 되었다.

이렇듯 좋은 취지에서 시작한 회담은 거의 매년 개최되었으나 아무런 소득 없이 북한의 변명과 억지 주장만 경청하는 게기가 되었고 중국은 그 어떤 역할도 없이 북한에게 한없이 시간만 허락해 주고 있었다.

드디어 우려했던 것이 현실로 나타나기 시작했다.

2005년 2월 10일 북한은 핵무기를 보유하고 있음을 선언 한다.

2005년 5월 11일 북한 영변 5KW 원자로에서 폐연료봉 8천개를 인출

했음을 발표한다.

2005년 9월 19일 제4차 6자회담에서 "9.19 공동성명"을 채택했다.

① 북한은 NPT 및 IAEA에 복귀한다. ② 미국은 핵무기 또는 재래식무기로 북한을 공격하거나 침략할 의사가 없으며, 북한의 주권을 존중하고 평화적으로 공존한다. ③ 한국은 핵무기 반입 및 배치를 하지 않기로 한 약속을 재확인하고 200만 KW의 전력 제공 약속을 재확인한다.

2005년 11월 9~11일 제5차 6자회담에서 미국이 북한의 마카오은행 방코델타아시아(BDA)의 북한 계좌 25,000만 달러 동결처리에 대한 합의를 보지 못한 채 종료되었다.

2006년 7월 5일 대포동 1기를 포함한 미사일을 실험 발사했다.

2006년 10월 9일 10시 35분 북한은 제1차 핵실험을 했다.

2006년 10월 14일 UN안보리 결의 1718호로 북한 제재를 발표했다.

2006년 12월 18일 제5차 6자회담에서 기존 회담에서의 의결을 존중하는 선에서 끝맺었고,

2007년 2월 13일 6자회담 연장선에서 영변 원자로 폐쇄 및 불능화에 합의 했다.

2007년 7월 15일 영변 원자로를 폐쇄했다.

2007년 10월 3일 모든 핵시설 불능화 및 프로그램 신고를 합의했다.

2008년 6월 26일 북한의 핵 프로그램 신고서를 중국에 제출했고 6월 27일 영변 원자로 냉각탑을 폭파했다.

2008년 6월 26일 미국은 북한에 대한 적성국 교역법 적용을 종료했고, 10월 11일 테러지원국 지정을 해제했다.

2009년 4월 5일 북한은 장거리 로켓을 발사했고,

2009년 5월 25일 제2차 지하 핵실험을 강행했다.

2009년 6월 12일 UN 안보리는 대북결의안 1874호를 만장일치로 채택했다.

2009년 7월 24일 북한은 6자회담 불참을 공식적으로 선언하고 이후 6자회담은 유명무실해 졌다.

북한 핵 및 미사일 발사 실험은 '무소의 뿔'처럼 막 나가고 있다.

이 사이에 수없는 미사일 발사실험과 SLBM 발사 실험을 지속하고 있으며,

2013년 2월 12일 11시 57분 제3차 핵실험

2016년 1월 6일 10시 30분 제4차 핵실험

2016년 9월 9일 5차 핵실험을 강행 했으며, 다시 6차 핵실험 준비가 끝난 상태이고, 2005년 5월부터 시작된 미사일 발사 실험은

2016년 3월까지 54회의 발사 실험을 하면서 이미 ICBM(대륙간 탄도 미사일) 발사 실험 준비도 끝난 상태로써 적절한 기회만 기다리고 있다는 판단을 하고 있다.

이렇듯 모든 제재가 힘을 쓰지 못하는 가운데 무한정 시간만 흘러가서 핵무기의 소형화 준비가 끝나게 되면 북한이 요구하고 있는 '핵보유국으로서의 지위 확보'가 이루어지는 것은 시간문제로 대두되고 있다.

이로 인한 동북아의 '안보딜레마: 국가보위에 대한 불신' 현상이 촉발

되어 각자도생의 시대를 펼치면서 '각국이 자체 핵 개발'을 추진하게 된다면 이에 대한 모든 책임은 중국과 미국이 고스란히 떠안아야만 한다.

중국은 왜 제 구실을 못하고 있는가?

국제안보에 문외한이라도 금세 손에 잡히는 것이 있다.

중국의 능력이라면 단방에 해결이 가능하다는 점이다. 그럼에도 불구하고 중국은 늘 '한반도 비핵화와 북한 핵 문제의 평화적 해결' '남북 양자 간에 자주적 평화통일을 지지한다.' 라는 자국의 외교적 원칙만을 주장하고 있다.

솔직하지 못하고, 대국답지 못하고, 글로벌화에 역행하는 길을 스스로 걸어가고 있다. 이러다가는 중국이 펼치는 '중국 몽(夢)도 그들의 국가전략인' 이다이이루(一帶一路 : 신 중국 건설을 위한 육상과 해상 실크로드 경제권 구축)도 그야말로 중국의 고사(古史)대로 일장춘몽(一場春夢)으로 흘러 가벌릴 수 있다.

6자회담 의장국을 자임 한 것은 스스로 21세기 국제질서에 동참하겠다는 의사표현이고 국제사회에 대한 약속이다. 이것을 자국의 사소한 국가이익에 결부시켜 북한을 돕고 있다는 것을 모든 국가들이 알아채게 되어 신뢰에 엄청난 손실을 보고 있다.

얼마 전 취임한 미국 대통령 트럼프의 말대로 '북한은 지난 20 여 년 동안 미국을 가지고 놀았다.' 그러니까 1993년 3월 북한이 NPT를 탈퇴한 후 끝없는 '밀 당과 벼랑 끝 전술'로 중국과 러시아의 비호를 받으며 미국을 가벼이 여기고 자기 할 짓을 다하며 살았다는 얘기이다. 노골적인 표현은 하지 않았지만 우회적으로 중국의 무책임함을 동시에 질타하고 있음을 알아야 한다.

중국이 6자회담에서 제 구실을 못하고 있는 가장 근본적인 이유는 바로 다음과 같은 무한 신뢰가 바탕이 되고 있다. 즉, 중국은 북한을 자유민주진영과의 사이에 하나의 '완충지대(Buffer Zone)로 여기고 있으며, 북한의 대량살상무기(핵, 미사일, 화생무기)가 결코 중국에 위협이 되지 않는 것으로 확신하고 있다. 이 기조에 변화가 있지 않은 한 중국에 대한 기대는 접을 필요가 있고 북한을 직접 휘몰아치는 길 밖에 없다.

한 · 미 · 일 협공에 대한 북한의 위협 인식은?

국제정치에서 흔히 북한을 중심으로 한 중국과 러시아를 '북방 삼각관계' 그리고 한국을 중심으로 한 미국과 일본을 '남방 삼각관계'로 부르기도 한다. 이른바 이것이 6자회담을 태동시키기도 했지만 지금까지 설명한데로 유명무실해 지고 있는 것은 다 이유가 있다. 앞에서는 의장국인 중국을 탓하기도 했지만 조금 더 들어가 보면 북방 삼각관계에서는 모든 것을 뒤 흔드는 원조는 북한이다. 즉 북한이 회담의 실마리를 쥐고 있는 당사국이면서 중국과 러시아를 로버트로 만들어 주도권까지 쥐고 행사하기 때문이다. 남방 삼각관계에서는 말이 동맹과 유사한 형태이지 한국과 일본 관계가 원활하지 못하기 때문에 미국이 중간에서 적절한 행위를 하려해도 먹혀 들어가지 못하고 있다. 어떻게 보면 미국이 일본에 더 기울어져 있다 할까, 여러 외교정책에서 한국이 눈치를 알아채게 행동을 한 것이 여러 건이 있다. 독도 문제나 위안부 문제, 역사문제에도 당사국의 현명한 해결을 바란다지만 아베의 의회연설에 방점을 두기도 한다.

가장 최근에는 미국 새 정부 국무장관 렉스 틸러스가 일본, 한국, 중국을 방문하는 과정에 중국에서 '미국과 일본은 강력한 동맹 관계이고, 한국은 파트너라고 말했다.' 이것을 일상적인 외교적 수사로 돌려버리면 너무나 안이한 시각이고 깊게 여미어 둘 필요가 있다.

왜냐하면 우리에게는 뼈아픈 지난 역사가 있다. 1950년 6월 25일 한국전쟁 직전 미국 국무장관 에치슨이 미국의 태평양방어 전략은 '아류산 열도, 일본, 대만, 필리핀'으로 한다. 며 한반도를 제외시키는 선언을 했기 때문에 북한 김일성으로 하여금 남침 오판을 하게했다는 정설이 있듯이 유념해 둘 필요가 있다. 어쨌든 북한 대량살상무기가 현실적인 위협은 분명하고, 한반도에 28,000여 명의 미군이 상주해 있으며 한미상호방위조약에 의한 한미동맹이 굳건하게 버티고 있고, 아울러 한반도 유사시 모든 지원 군사력이 일본과 괌에 집중되어 있는 것 또한 현실이기 때문에 북한은 남방 삼각관계에 불편한 심기를 감출 수 없다.

매년 연례적으로 시행하고 있는 한 · 미 연합훈련인 키 리졸브나 독수리 훈련으로 미국의 전략자산이 대거 한반도에 출격을 하고 있다.

여기에 ① 칼빈슨 항모 전단 출동(FA-18E/F 전투기 등 동원한 정밀폭격, EA18G 전자 전기로 북 레이더망 교란, 이지스함 4-5척, 핵 추진 공격용 잠수함 2척 등 동행) ② 김정은 제거 작전을 위한 미 특수부대가 한국군 특전부대와 연합훈련(빈 라덴 제거한 데브그루, 데타포스 등 미 최정예 특수부대 투입) ③ B-1B 폭격기, 북 핵, 미사일 시설 폭격 훈련(괌 기지에서 이례적으로 두 차례 한반도 출동) ④ 지하 갱도 적 소탕 훈련(주한 미 육군, 북 지하 갱도 모방 시설에 숨은 북한군 소탕) ⑤ 화학무기 제거 연합훈련(한, 미 병력 400여 명 투입 북 화학무기 제거 훈련) ⑥ F-35B 정밀 폭격 훈련(특수부대 유도로 북 목표물 정밀 폭격, 북 레이더 망 피해 예방적 선제 타격 능력 과시) ⑦ 후방 침투 격멸 훈련(제2작전사에서 특공부대 투입해 북 특수부대 격멸 훈련) 등은 김정은으로 하여금 많은 피로가 쌓이게 하고 있다.

실제로 이 기간 동안 김정은은 지하 시설 은신처에서 수시로 자리를 옮기며 생활하고 있고, 그의 부친 김정일도 마찬가지 행동을 했었다. 특히 일본의 최대 헬기 항모 이즈모 호(27000톤, 승무원 970명, 30노트)가 남중국해를 휘저을 준비가 되어 있고 인접국가와 연합훈련을 한다고 하니 이 또한 북한의 위협이 될 수 있다.

최근에는 한・미・일 연합으로 최대 전략자산을 동원하여 북한 미사일 탐지・요격훈련을 하고 있으며, 2016년 6월 29일에 이어 11월 9일, 이듬해 1월 20일과 3월 14일 4차례 연속적으로 실시하는 것은 매우 이례적이고 이러한 대규모 군사적 시위는 최근 북한 ICBM 발사 실험이 곧바로 일본열도를 지향하는 것에 대한 대비 훈련이다.

한국에서는 세종대왕 함(7600톤, SM-2 함대공 무장), 미국은 커티스 윌버 함(6800톤, SM2/3 무장), 일본은 기리시마 함(7500톤, SM2/3 무장)을 훈련에 참가시켰다.

한국과 일본 간에 동맹관계는 아니지만 지난해 '한일정보교류를 위한 협정'이 조인되는 등의 일련의 과정 또한 북한에게 운신의 폭을 제한하는데 큰 작용을 하게 될 것이다.

최근 북한의 ICBM 발사 실험, 김정철 가스 독살사건에 대한 미하원의 '대북 차단 및 제재 현대화법'은 김정은 정권의 모든 군사, 경제기반을 옥죌 수 있는 재량권을 트럼프 행정부에 준 것으로 북한에 대한 원유, 석유제품 수출과 북한 어업권 거래까지 제재 대상에 넣은 것은 사실상 중국을 겨냥한 조처라고 볼 수 있다.

트럼프 행정부는 '세컨더리 보이콧(북한과 거래하는 제3국의 기업과 개인 제재)' 카드를 언제든 꺼낼 수 있다.

일각에서는 '미국의 새 대북 제재 법안은 지금까지 나온 유엔안보리의 대북 제재안이나 기존 제재법보다 구체적이고 광범위 하다'며 중국을 압박해 북한에 견딜 수 없는 고통을 주겠다는 트럼프 대통령의 복안이 그대로 담긴 것이다.

'대북 차단 및 제재 현대화법' 주요 내용을 보면 다음과 같다.

1. 대북 원유 및 석유 제품 판매, 이전 금지
   (인도적 목적의 중유는 제외)
2. 북한의 해외 근로자 고용 금지
3. 북한 관련 온라인 상거래 지원 금지
4. 북한의 식품, 농산품, 어업권, 직물의 구매 획득 금지
5. 대북 전화, 전신, 통신 서비스 제공 금지
6. 북한의 교통, 광산, 에너지, 금융서비스 산업 운영 금지
7. 외국 금융기관이 북한 금융기관의 계좌를 유지하는 것 금지
8. 조선중앙은행 등 6개 기업에 대한 대북제재 추가지정 검토 요구
9. 정부는 법안 통과 후 90일 이내에 테러지원국 지정 여부 관련 보고서 의회에 제출
10. 제재 대상에 '외국'을 명시해 중국 등에 대한 전면 제재가 가능하도록 명시

제3장
국제사회의 거리 두기

북한은 지금 사면초가(四面楚歌 : 아무에게도 도움 받지 못하는, 외롭고 곤란한 지경에 빠진 형편)의 상태에 들어가 있다.

원인 제공을 본인 스스로 했으니 어디에다 하소연 할 길도 막연하고 그동안 가깝게 지낸 아프리카 국가들까지 냉소적인 반응을 보이고 있다. 무엇보다 가장 난처한 사람들은 바로 북한의 직업 외교관들이다. 북한이란 국가이익을 위해 온몸을 받쳐 일해야 하는 소명의식은 분명한데 명분이 점점 약해지는 것을 피부로 느끼면서도 방패막이를 해야 하고 '위대한 김정은 지도자 동지'를 지구상에서 유일하게 떠오르는 태양으로 신봉을 해야 하니, 선전 선동할 마땅한 자료꺼리가 궁해져서 전전긍긍하고 있다.

UN과 이를 선도하는 미국의 국제적 압박이 숨이 막힐 정도로 옥 죄어 옴으로써 북한을 지탱해 오든 외화벌이에 심대한 타격을 받고 있다. 이 강도는 점점 더 심각할 판인데 북한 당국은 모른 채 하며 관련 외화벌이꾼들에게 숨 쉴 공간을 주지 않는다. 싫으면 들어오라는 식이다. 그 다음 다시 나갈 사람은 줄을 서고 있다며 막무가내로 밀어붙이기만 하고 국제적 외화벌이마당에 대한 환경이 급속도로 냉각되어 가고 있다는 사실을 모르고 있는 것 같다.

북한 해외 주재 외교관들의 고통

북한의 국가이익을 더 높이고, 국위선양을 위해 불철주야 뛰고 있는 최전선 용사들이다. 아울러 주재국에 나와 있는 북한 주민이나 교민, 상사요원, 유학생, 문화, 예술인, 스포츠인, 근로자 등 자국민을 위해서 온갖 궂은일을 도맡아 하고 있다. 뿐만 아니라 돈벌이(외화)가 되는 일이라면 저승까지라도 찾아가서 온 몸을 불사르는 불사조 같은 존재들이다. 혹여 딴 마음이라도 먹을까 우려한 나머지 가족의 일부를 북한에 떼어두고(이른바 인질 같은 형세) 따뜻한 가족 사랑까지 포기하게 하면서 오직 '김정은 일가'에게 맹목적인 충성만 요구하고 있다.

이들에게 직면하는 난처한 일들은, 다른 나라 외교관들과의 접촉에서 나타난다. 먹고 자고 입는 의식주에서의 엄청난 차이는 다른 나라 외교관들과 친분을 위한 교류자체(사교모임)를 불가능하게 만들 정도로 열악하여, 늘 외톨이 신세를 못 면하고 공식적인 행사에만 얼굴을 나타냄에 따라 가뜩이나 불신이 가득한 상태에서 이상한 첩자로 오해 받기도 한다.

각국에서 불법으로 다스리는 것들의 대부분이 기본적으로 큰돈이 되고 있으니 여기에 발을 딛다보면, 마약, 위조지폐, 코끼리 상아 불법거래,

금괴 밀수, 카지노 출입, 해킹, 사이버 금융 탈취, 무기를 비롯한 군사용 물자 밀거래, 군사기술 및 인력 파견, 주재국 각종 정보 입수를 위한 스파이 활동, 요인 납치 및 사살 등 21세기 최악 암흑가의 수괴 역할을 하게 함으로써 그 똑똑한 두뇌를 가진 엘리트 외교관들이 국제사회에 마피아 일당, 조직폭력배 일당으로 매도되어 직업적 위신 추락은 물론이고, 범죄 도구로 전락하여 구속, 추방, 국가 간 외교 단절 등 국가적 신의 상실에도 한 몫을 하고 있다.

이들에게는 이를 수밖에 없는 구조적 모순이 있다.

북한이 추진하고 있는 대량살상무기의 개발은, 그 자체가 돈 덩어리로 구성되어 있다. 북한 주민은 배가고파 거리를 해매고, 가족의 목숨 연명을 위해 중국 국경을 넘다보면 불법 외국인으로 낙인찍혀 중국 공안원으로부터 온갖 수모를 당해야하고, 인신매매까지 당하는 날이면 중국 촌 노인, 노총각, 장애인들과 가정을 일구어야 하는 비극의 현장으로 몰리고 있는 판국에 미사일 한발 실험에 '6억~10억 원'이 공중분해가 되고, 핵무기 한 발 실험에' 50억~100억 원'이 산산이 부서지게 된다.

북한주민 평균 년 소득이 135만원이라면, 미사일 한 번 실험에서 약 500~1000여 명의 일 년 소득이 없어지고, 핵실험에서 약 4000~8000여 명의 일 년 소득이 허공에 날아가 버린다.

이 모든 비용을 해외에서 조달해야만 되니 외교관 개개인마다 벌어야할 금액이 할당되고 채우지 못하면 사상 검토 대상이 되어 본국 소환이라는 개인적 불명예를 안고 평생 살아가든지, 숙청이 되어야만 한다.

이러한 암울한 환경임에도 불구하고 지원자가 몰리는 이유는 그래도 북한 내에서의 삶보다는 낫다는 조그마한 희망을 보고 그 길을 가고 있다.

벌써 무너져야 할 북한이 어떻게 이렇게 건재한가.

일반적으로 북한을 보는 시각에 많은 오류와 착각을 하고 있다.

나름 북한 전문가라고 칭하는 부류와 안보전략 전문가라는 호칭되는 집단에서도 북한의 정세판단에 많은 착오를 불러일으키는 것이 있다.

기본적으로 안보환경이란 것은 생물과도 같고 불확실성을 내포하고 있기 때문에 표현하는 부류들에 따라 일단 마구 질러보는 경향이 있고, 제한되게 입수된 첩보를 자기 맘대로 정보화해 버리는 경향도 있으며, 안보를 시류에 편승시켜 침소봉대함으로써 쇼킹한 이슈를 생산시키는 이들이 있다. 무엇보다 가장 우려스런 유형이 국가안보 본류(국방부, 국정원, 외교, 통일부 등)의 '안보 정론'에 대해 일부러 척지는 발언을 함으로써 이목을 선점하려는 삼류 논객들이 있다.

이들은 모두 자기들의 주장대로 상황이 돌아가거나, 어쩌다 논리가 비슷하기라도 하면 성공이고, 틀려도 그만이다. 안보 분야 논리가 조금 틀렸다고 해서 당장 무슨 일이 일어나지 않기 때문에 아주 편안한 생각으로 부담 없이, 무책임하게 접근을 하고 있다.

특히 문제는 위에서 언급한 몇 가지 악성사례들을 '집중보도'해 주는 언론에게 있다. 언론은 충격적이고, 자극적인 이슈를 다루어 독자나 시청자들에게 관심과 이목이 집중되길 원한다. 이러한 입맛에 안보전문가라고 칭하는 부류와 언론이 손발이 맞아 떨어져 시류를 어지럽게 만들고 있다.

국가안보 문제는 국가에 맡기고 오직 생업에만 열중하려고 하는 국민에게 냉정을 잃게 하여 판단을 흐리게 만드는 것은 국가안보에 공감대가 필요한 시기에 국민에 대한 도리가 아니며 건전한 안보관을 해치는 불순한 행위를 하는 것이다.

체제(정권)를 지탱하게 하는 힘은 무엇인가?

이념인가. 정체성인가, 지도자의 카리스마인가. 국력인가, 시민의 성숙한 참여정신인가. 신기하게도 이 모두 곁가지에 불과하다.

김일성이 사망하니까 북한이 곧 무너질 것이라고 많은 안보전문가들은 진단을 했다. 이어 김정일이 사망하니까 똑같은 진단을 했고, 김정은이 집권하니까 어린 것이 뭘 알기나 하며, 북한의 핵심 지도층에 의해 제거 되거나, 중국이 무슨 작용을 하거나, 스스로 물러날 것이라고 진단했다. 길어봤자 5년 정도로 보는 사람들도 있었다. 김정은은 1983년생으로 부친 김정일이 사망한 날이 2011년 12월 17일 이니까 27세에 등극해서 지금까지 7년이란 세월을 통치하고 있으며 그 통치술이 날로 진화하고 있다. 김일성, 김정일 시대에 비해 몇 곱절 어려운 대내외 환경을 맞이하고 있으며, 아직 중국 지도자 시진핑과 러시아 지도자 푸틴의 얼굴을 한 번도 보질 못했지만 건재하게 지내고 있다.

우리 한국과 같이 정권이 바뀌고, 우두머리가 바뀌면 우수수 떨어지는 낙엽과 같은 직책이 없다는 것이다.

다시 말해서 한국의 편성이 북한에 대입되면 북한도 여러 번 정권이 바뀔 수 있었다는 얘기이다. 조직 면에서 보면, 북한의 조직은 기능화 전문화/특수화되어 있다. 어떻게 보면 다양성이 부족한 느낌이 있어 효율성이 부족한 듯하지만 최고지도자를 바라보고 성과와 결과물을 나타내기에는 아주 유용한 조직이다. 아울러 최고지도자 입장에서 보면 자신의 명령이 저 아래로 침투되는 모습을 한 눈으로 바라볼 수 있는 장점이 있다. 우리 한국은 위에서 명령만 내리고 저 아래서 답이 올 때까지 깜깜히 기다리는 조직체계이다. 각 조직은 상호 견제가 가능하도록 기능이 부여되어 있고 조직의 수장은 수령의 입맛에 따라 자주 바꿔서 군기를 잡지만 현장 실무자들은 장기보직을 하여 전문가로 양성하고 있다. 예를 들어서 북한이 공작기관을 운영하는 실태를 보면 알 수 있다. 조선노동당에 통일전선부와 문화교류국을 두고 있고, 조선인민군 총정치국에 적군와해공작국을 두고, 총참모부산하 정찰국에 1국에서 7국까지 두어 각종 공작을 하고 있다. 또한 보위국(우리 기무사령부와 유사)에서는 군 내부 감시와 탈북자를 이용한 공작을 하고 있다. 그 외 국무위원회 산하 국가보위성(우리 국가정보원과 유사)에서도 국내외 공작을 하고 있다. 이렇게 전문화 분산을 통해서 각 조직 스스로 자부심을 갖도록 하고 충성 맹세를 자발적으로 할 수 있도록 하였다. 모두 수령에 대한 최정예 충성파들로 구성되어 있기 때문에 수령의 유고가 생겨도 전혀 흔들림이 없다. 특히 호위총국(우리의 경호실)은 별도의 사상 검정을 통해 설치되어 타 조직과 관련 되지 않고 오직 수령 보호에 전념하고 특별히 김씨 일가는 이들에게 그들의 비자금을 풀어 수시로 특혜를 부여함으로써 절대 충성을 담보 받고 있다. 북한 인민군 조직을 보면 한반도의 지정학적 요소(전선의 정면이 협소하고, 종심이 얕음)를 반영하고, 군대의 말단 조직까지 수령이 내려다 볼 수 있도록 편성되고 조직되어 있다. 예를 들어서, 군사력의 전선 배치를 보면 서부전선으로부터 동부전선까지 제4, 2, 5, 1군단 순으로 배치되어 있으며, 모두 독자 단독 임무 수행이 가능하도록 예하 조직이 편성되어 있다. 총참모부(우리의 합참)에서 곧 바로 전선사령부(군단)로 명령이 내려간다. 즉 전차, 장갑차, 수도권 사정 방사포, 특수부대(경보병사단) 등이 배속되어 있고 하물며 남침용 땅굴 또한 모두 군단 단위로 건설해 놓았다.

북한 지상군 전력의 70% 이상을 평양~원산 이남에 전진 배치해 두어 유사시 전력의 재배치 없이 현 진지에서 수도권 지역에 대량 기습공격이 가능하다.(전력 재배치 시 군사력의 움직임이 감시망에 포착되기 때문에 기습이 불가능함을 평소 대비한 것임) 수령은 군단장(3성 장군)을 임의대로 바꾼다. 과거 천안 함 폭침과 연평도 포격사건을 지휘했던 제4군단장 김격식은 총참모장에서 4군단장으로 강등되어 내려와 전과를 올리고 다시 4성 장군으로 승진시켜 인민무력부장(우리의 국방부 장관)으로 복직시켰다. 박영식도 마찬가지로 총참모장에서 2군단장으로 내려 보냈다가 인민무력부장으로 불러올렸다. 장정남 역시 인민무력부장(대장)에서 제5군단장(상장)으로 강등시켰다. 처형된 인민무력부장 현영철 역시 과거 총참모장 시절 중장으로 강등되어 제5군단장으로 내려갔던 적이 있다. 이렇듯 별을 마음대로 떼었다 붙였다 하며 군 기강을 잡지만 하급제대에는 손을 데지 않는다. 예를 들면 2015년 8월 4일

비무장지대 지뢰폭발사건에서 북한군 제2군단 예하 6및 15사단이 주도했으나 2군단장 김상률 중장만 보직 변경시키고 사단장은 그대로 두고 있다.

북한의 군단 중심 작전은 우리 군의 야전군사령부라는 거대한 조직이 합참과 군단 사이에 있으면서 군단의 단독작전에 효율성을 떨어뜨리는 것과 매우 대조적이다. 우리 군의 이 조직은 미군의 군(전)구작전(해외 작전 시 미군 중심 연합작전이 가능하도록 만든 체제 임, 이라크 전쟁, 아프가니스탄, NATO 사령부, 주한 UN군 사령관 모두 여기에 해당 됨)을 위해 한국전쟁 당시에 미군 운용체제를 그대로 받아드린 것으로 과거 야전에 제1군사령부만 있든 것을 추가로 재3군사령부까지 만들었다. 실제 이러한 체제는 육군에게 상부구조가 확장됨에 따라 상위계급(대령이상 장군) 수십 개 직위가 확장되어 승진과 보직에는 큰 보탬이 되었으나, 지금 생존해 있는 4성 장군의 수가 부지기수로써 계급의 인플레 현상이 나타나고 있다.

필자의 이전 출간 서적 '한반도 전쟁 무서워하지 마'에서 '바람직한 국방개혁'안으로 군사령부 해체와 각 군단의 독립작전 수행 능력 증편으로, 합참-각 군단 직접 지휘체제를 제시해 두었다. 또한 우리 군의 상벌처리 현상과 그 과정을 보면 많은 차이가 있다. 우리는 '명예는 상관에게 책임은 나에게'라는 상명하복식의 규율을 초급 간부양성과정부터 익혀 왔다. 예를 들면, 무슨 일이 터지면 말단은 과하게 위로 올라갈수록 약하게 결정하는 사례가 많이 있다. 북한은 윗선부터 과감하게 잘라 버리고 하부는 개전의 기회를 많이 부여한다. 지휘체제 면에서 보면, 크게

군 지휘체제와 정치 지휘체제, 노동당 지휘체제로 구분해서 그 수장은 모두 김정은이다. 즉 조선인민군최고사령관(군), 조선노동당위원장(당), 국무위원회위원장(정)으로 대별하며 중앙으로부터 말단까지 단순 명료하게 지휘체제가 구축되어 있다. 병영국가 시스템으로 되어 있기 때문에 모든 상명하복이 일사분란하게 되어 있다. 여기에 수령 우상화 교육체계까지 결부되어 있어서 북한 주민은 태어나면서부터 앞서 편성에서 설명했듯이 정보기관의 감시와 우상화란 선전선동에 익숙해 있기 때문에 반체제라든지, 통치에 대한 불평불만을 표출할 수가 없고 시대가 아무리 정보화되어도 자신을 희생해서 대중을 구출하는 희생정신이라든지, 여럿이 같은 뜻을 모아 규합하면 그 일이 이루어질 수 있다는 총합의 정신이 약화되어 있다. 즉 나 자신이 너무 미미하여 스스로 할 수 있는 것이 없다. 라고 생각하고 위에서, 당에서, 중앙에서 알아서 해 주겠지. 하는 사고가 고착되어 있기 때문에 자존감이 상실되어 있는 상태이다. 이는 수십 년의 정치 교화사업으로 인간 삶의 가치를 그렇게 황폐화되게 만들어 버렸다. 아마 북한 이탈주민들은 최근 한국내의 대규모 정치적인 집회를 보고 깜짝 놀랐을 것이다. 그들 입장에서 보면 상상조차 할 수 없는 일이 서울 한복판에서 전개된 것이다. 북한이라면 군대가 출동해서 단번에 쓸어버렸을 거니까. 인민의 목숨을 파리 목숨처럼 처리하고 있다는 것을 그들은 잘 알고 있기 때문이다.

종합해 보면, 북한체제(정권)가 어떠한 변고가 있어도 쉽게 무너지지 않는 것은 병영국가 시스템으로써, 편성과 조직, 지휘체제가 북한 실정에 맞게 구축되어 있고 수십 년 동안 그기에 맞게 교화되고 조련

되어 있기 때문이다.

외부 정보를 알리고, 더 많은 대화와 교류를 해서 북한 정권을 서서히 힘을 쓸 수 없게 한다는 식의 대북정책은 위와 같은 체제하에서는 오히려 조직에 더 많은 힘을 싫어 주게 되고 북한 인민을 더욱 고통스럽게 만들게 된다. 때문에 우리는 북한 조직에 엄청난 특징이 하나 도사리고 있다는 것을 알아 둘 필요가 있다. 북한에서 대규모 시위나 집단궐기 같은 반정부 투쟁은 없으나 '미제 축출이나 남조선 인민 구출: 미군을 한반도에서 내 보내고 그들에 의해서 억압 받고 있는 남녘 동포를 구한다는' 집단행동에는 군, 당, 정, 인민이 똘똘 뭉쳐서 자다가도 벌떡 일어설 수 있다는 '특수한 괴력'이 있다. 또한 북한이란 사회의 인민집단을 이루고 있는 구성 분포를 살펴 볼 필요가 있다. 이른바 우리 사회와 같이 청년 구성원들이 SNS를 하며 자유분방하게 옳고 그름을 떠나 의사소통을 할 수 있는 그런 공간이 아예 없고, 그럴만한 인적 구성요원들 자체가 모두 집단생활에 들어가 있다. 예를 들어서, 건강하고 피 끓는 17세 이상 청춘들은 모두 군대에 입대해서 15년간의 복무를 하고 있고 또래 집안 좋고 두뇌가 명석한 친구들은 모두 국가 장학생으로 대학에 들어가 수령체제 우수성과 우상숭배의 교화학습에 충실하고 있다. 이들은 모두 먹고, 입고, 자는 것 모두 국가로부터 무상지원을 받고 있기 때문에 이들의 일상생활이 최상은 아니지만 그렇다고 비참하지도 않다 그 어떤 외부의 충격(비라, 방송, 풍문 등)에도 쉽게 흔들리지 않는다.이러한 북한의 실상을 이른바 북한 전문가라고 칭하는 부류에서 정확하게 알아 두어야만 엉터리 진단을 하지 않을 수 있다. 지구상에서 유일무이한 특수한 집단이라는 것. 잊지 말아야 한다.

제4부

전쟁 불가피론 팽배
- 북한 내부 -

제1장
극심한 경제난과 민심 이반

북한의 경제는 한국전쟁 후 1970년대까지는 남한 보다 우위에 있었다. 박정희 정부 들어서 경제개발 5개년 계획으로 대기업 주도의 수출중심 경제 운영과 중화학 공업에 집중 투자를 하였고, 새마을 사업을 통한 국민정서를 함양시켜 '우리도 잘 살 수 있다. 하면 된다. 개천에서 용이 날 수 있다.'는 등 자신감과 삶에 희망과 꿈을 심어 줌으로써 경제 수준이 급성장하여 북한을 앞지르기 시작 해 지금은 북한에 비해 약 40배를 능가하는 세계10위권의 경제력을 과시하고 있다.

이에 비해 북한은 국가 주도의 폐쇄적 정치 시스템과 경제 정책,

이른바 '중앙집권적 명령〈지령〉 경제체제'에 따라 움직이는 경제로써 생산성의 질적, 양적인 저하를 불러왔고, 소득에 대한 분배는 1958년 사회주의적 개조를 완성시켜 농업부문은 국영농장(전체 농장의 10% 수준)을 제외하고는 사회주의 과도기적 소유형태인 '협동적 소유' 형태로 남아 있으나 상, 공업부문은 국유인 '전인민적 소유' 형태를 취하고 있다. 그러나 극히 부분적이나마 개인 소유를 인정한다. 개인소유의 대상은

근로자들이 받는 임금이나 노동의 질과 양에 따라 받는 분배 몫과 그것으로 구입한 소비품들뿐이다. 이로 인해 근로자 개개인에게 팽배해 있는 안일무사주의가 가뜩이나 침체되어 있는 근로환경을 더욱 어렵게 만들어 생산량이 감소하게 되었다.

여기에 더욱 상황을 악화시킨 것은 김정일의 정책 기조인 '선군정치(先軍政治)'를 앞세운 군사력 증강이 국력을 소진시킴으로써 민생경제는 점점 도탄에 빠지게 된다. 이 판국에 국면전환용으로 2006년 9월 1차 핵실험과 이어 2009년 5월 2차 핵실험 그리고 2005년 5월 1차 미사일일 발사 실험에 이어 연이은 미사일 발사 실험을 단행함으로써 국제사회와 UN으로부터 비난과 제재를 받게 됨에 따라 국내외 경제활동에 제약을 받게 되고 내우외환의 이중고초를 당하게 되었다.

이러한 위기에 돌파구를 마련하기 위해 2009년 11월 30일 11시 30분 북한 지폐 구권 100원을 1원으로 하는'깜짝' '화폐개혁'을 단행하였다. 이유는 북한 경제에 대한 통제 강화와 암시장 폐쇄를 위함이라고 하였다. 그러나 화폐개혁에 따른 사회혼란과 대흉작까지 겹쳐 심각한 식량부족 사태가 일어났다.

치솟는 쌀값이 사회 불안으로 이어지자 김정일은 사태의 심각성을 알아차리고 김영일 내각총리로 하여금 화폐개혁에 대한 사과를 하게하고, 책임자인 박남기 노동당 계획재정부장을 처형하는 것으로 사태를 수습하려 하였다.

김정은 시대의 경제 상황은

김정은은 부친으로부터 군사력은 최강의 상태를 물려받았으나, 경제는 거의 몰락 지경에 이른 상태를 이어 받았다.

중국과, 러시아에 의존되어 있는 경제 시스템은 나름 북한의 생명줄 노릇을 하고 있었다. 장성택 처형 후, 중국의 몰라보게 싸늘해진 대북정책에 다소 당황하기도 했지만, 수십 년 간 이어져온 경제 네트워크들이 암암리 진행하는 경제활동까지는 막지 못했다. 통치 경험이 없는 김정은에게 묘수는 있을 수 없었다. 다만 유년과 청소년 시절에 유럽에서 생활하며 자연스럽게 몸에 밴 자유분방한 시장경제 시스템과 너무나 다른 북한의 경제 활동을 조화롭게 접목해 보는 과제를 경제전문가들에게 주문했다.

중국식 시장경제체제를 나름 최상의 모델이라 생각했지만, 개혁, 개방을 했을 때, 불어 닥치게 될 태풍을 뒷감당하기에는 아직 기초가 부실하다는 결론에 이르렀다, 하는 수 없이 '북한식 사회주의시장경제체제 모델'을 개발해서 적용하기로 했다. '고난의 행군' 시절을 겪으면서 중단된 배급제도에 어떻게든 살아남기 위해 주민 자체적으로 자생하게 된 이른바 '장마당'문화를 바탕으로 현재 북한에서 활발하게 전개되고 있는 건설경기에 편승해서 자재, 인력, 운송 등의 시장이 활성화됨에 따라 '도시시장'의 증가와 확대 현상이 나타나고, 각 도시에 있는 시장의 수와 면적이 양적으로 증가하고 있는 현상을 활용하기로 했다.

이에 고무된 당국은 국가의 도시 경영 및 행정 관련 대부분의 비용을 시장을 통해 수취하여 충당하고 있으며, 특히 각 도, 시, 군단위에서는 도시부문에서 수익을 올리기 위해 합법적 시장의 수를 늘리고 불법적인 골목장도 묵인하여 사실상 합법화 해 나가고 있다. 때문에 대부분의 도시 내에 있는 공장, 기업소, 산업부문 농장들도 도시 시장과의 네트워크에 절대적으로 의존해 운영하고 있다. 따라서 국가기관들이 민간의 시장거래를 대행하는 기현상이 만연하고, 기관 명의를 빌려 주는 수준에서부터 국가기관들이 직접 민간시장의 거래를 대행하는 역할까지 하고 있다.

국가기관이 도시 시장의 브로커와 연결돼 여러 상인들의 물건을 취합 운송하여 국경에서 대방(무역업자)과 거래하고 환전까지 책임지는 형태로 '대행료' 수익을 챙기고 있다. 연장선상에서 상업 관리소 등 국가 공식 상업 기관의 사적 소유화 현상이 나타나고 있으며, 시 상업 관리소 및 산하 상점들은 이미 개인사업자들의 자본과 상품으로 사유화 하여 운영하고 있다.

이렇듯 도시부문과 주민 경제부문에서 먹는 문제, 소비 수준, 시장분화, 건설 붐, 주요물가의 안정 추세 등의 측면에서 시장의 효과가 경기 활성화로 나타나면서 소득분배의 효과, 고용형태의 다변화까지 이어지고 있다. 사실상 오늘날 북한 주민을 먹여 살리는 효자 노릇을 하고 있는 셈이다.

그러나 이러한 현상은 아주 작은 불씨에 불과하며, 이면에 팽배해 있는 권력자의 독점적 횡포(배경의 작용), 밀수, 암거래, 특정 소수만의 황금시장, 북한 화폐 보다 외화에 의존하는 거래 등은 아직 김정은 경제정책에 갈 길이 요원함을 보여 주고 있다.

그러나 두 마리 토끼를 동시에 잡아보려는 김정은의 국정운영에 빨간 불이 켜지기 시작한다.

체제수호를 위해 추진하고 있는 대량살상무기(핵, 미사일 화생무기)의 개발과 시험으로 국고의 탕진은 물론이고 미국과 UN, 모든 국제사회의 동시다발적인 대북한제재에 동참은 가뜩이나 마른 외화를 더욱 빈궁하게 하고, 자체 국내적으로 조금씩 활성화 되어 나가든 '북한식 시장문화'의 효과는 완전히 반감되어 북한 인민들 입장에서 보면 밑 빠진 독에 물 붙는 꼴이 되고 있다.

오늘도 외화벌이를 위해 세계 곳곳을 누벼 보지만 일감 찾기에 힘들고 북한 주민은 유랑인의 신세를 면하지 못하면서 김정은 정권에 대한 불만의 강도만 점점 깊어가고 있다.

제2장

체제수호 세력(엘리트)들의 불안감 팽배

맹목적인 충성은 그 수명이 짧다.

고로, 충성의 바탕에는 신뢰와 진정한 존경심, 그리고 진실과 실천의 지가 깔려 있어야만 한다. 무능한 통치자, 관리자(경영자), 정치가는 구호(口號 : 간결한 형식으로 표현한 문구)를 선호하고, 선점하며 양산해 낸다.

구호의 큰 장점은 짧은 어휘로 대중을 사로잡을 수 있는 마력이 있지만, 자칫 구두선(口頭禪 : 실행이 따르지 않는 실속이 없는 말)에 그치고 구호가 반복이 되면, 충성에 금이 가기 시작하여, 그 역효과가 부메랑(Boomerang)처럼 자기에게 되돌아 온다.

북한의 엘리트들은 북한 상황이 복잡하게 돌아가고 있음을 알고 있다. 전개되고 있는 상황들이 그들의 힘만으로 해결이 불가능 하다는 것도 알고 있다. 다만 수령에게 맹목적인 충성을 하고 있는 것이며 어려서부터 몸에 밴 '위대한 지도자 동지'에 대한 조건반사적인 몸놀림에 불과하다.

북한을 이탈 자유세계로, 자유세계로

국제사회는 인간 존엄성의 가치를 높게 평가해서 '망명'이라는 국제인권법을 성안해 개인의 자유의사와 인격을 존중하고 있다.

북한과 같은 폐쇄된 사회에서 이를 알고 있는 사람은 극히 제한적이며, 김정은의 지근거리에서 활동하고 있는 그야말로 '체제수호 세력'들만 알 수 있다. 어차피 북한은 10%의 진성당원이 90%의 소시민을 이끌어 가는 체제이기 때문에 10% 중에서도 '체제수호 세력'으로 일컫는 '핵심'들만 잘 관리하면 아무런 문제가 없는 사회이다.

김정은은 이마저도 믿음이 가지 않아 이중 겹 장치로써 핵심이 이탈하드라도 사업(업무)에 공백을 줄이기 위해 엘리트 양성교육에 공을 들이고 있다.

북한 김정은의 입장에서 보면, 자기가 가지고 있는 능력 범위 내에서 최상의 대우를 아끼지 않고 있는 것이 바로 '체제수호 세력'들이라고 자부하고 있을 것이다. 그래서 이들이 딴 마음을 먹는다든지, 북한을 이탈하는 사례를 접하게 되면, 조국에 대한 배반, 민족의 영도자인 자신에 대한 배반으로 간주해서 당사자에게는 '천벌'을 내리고 싶고 하물며 자신은 밤잠을 설치는 잔인한 꿈을 꿀 수도 있다.

외부적으로는 천 만 명이 이탈해도 우리는 갈 길을 간다며 의연하고 담담한 척하지만, 내부적으로는 들끓는 속으로 단속을 위한 비방 마련에 골독하고 있을 것이다. 그러나 지금의 추세라면 백약이 무효인 처방밖에 받을 수 없는 것이 현실이다.

북한 국내 환경은 차치하고라도 북한 자체 원인 제공으로 촉발된 미국과 UN의 각종제재는 최고 우방국인 중국도, 러시아도 손 쓸 수 없게 너무 나가버렸다.

김정은은 이를 모른 체하고 '체제수호 세력'들만 쥐어짜고 결과물만 중시하고 있다. 그렇게 애지중지하게 길러 온 엘리트들을 국제사회에 미아로 전락시키고 범죄 집단 두목으로 만들어 오도 가도 못하게 해 놓고 자기만 고고하게 '시베리아 북극백곰' 마냥 천적도 없는 세상에서 활보를 하고 있다.

'체제수호 세력' 그 안에서도 두뇌가 명석한 사람은 어쩔 수 없이 김씨 일가를 위한 맹목적인 충성의 길에서 이탈할 꿈을 꾸게 된다. 부모형제, 인척, 친지, 그동안 남 몰래 쌓아올린 자기만의 노하우를 접어두고, 고향산천을 등진다는 것은 얼마나 뼈에 사무치는 고뇌의 시간을 보냈을까. 생각하면, 작게는 개인의 비극이고 크게는 민족의 비극이며 국가가, 국제사회가 이들을 잘 보듬어야 하고 앞날을 선도해 주어야 한다.

이들은 머지않아 도래할 한반도 통일 시대에 최고 양질의 통일자산으로써 통일 역군이 될 것이고 통일 후 남북 대통합에 선도자 역할을 하게 될 것이다.

그동안 북한을 이탈해 국내 또는 국외에 정착하고 있는 통일 역군들을 보면 다음과 같다.

1991년 5월 고영환, 콩고 주재 북대사관 1등서기관

1994년 7월 강명도, 북한 정무원 부총리 강성산의 사위

조명철, 김일성 대학 강사

1995년 10월 최주활, 상좌 인민무력부 후방총국 용성무역 합영부장

1995년 12월 최세웅 부부, 북한 전 장관 아들, 북 최대 무역상사
유럽 지사장

1996년 1월 현성일 부부, 잠비아 주재 북 대사 부부, 유세도
태권도 무관

1996년 5월 이철수 대위, MIG-19기 조종사

1996년 5월 정갑렬, 북 과학원 산하 음향기기연구소장, 장해성
중앙방송 산하 문예총국 작가

1997년 2월 황장엽, 부총리 급 당 서열 23위 김일성대학 총장
역임-주체사상 이론가
김덕홍, 조선 무역연합 총 회사 사장

1997년 8월 장승길, 이집트 주재 북 대사 미국 망명
장승호 장승길 형

1998년 2월 김동수, UN 식량농업기구(FAO: Food and
Agriculture Organization) 서기관

1999년 1월 김경필, 통일전선부 소속 독일 주재 서기관

1999년 9월 홍순경, 태국 주재 과학기술 참사관

2009년 4월 상하이 무역 대표부인 자녀와 함께 망명

2016년 8월 태영호, 영국 주재 공사

2017년 2월 북한 18세 수학 영재 망명-제 57회 홍콩
국제수학올림피아드 참석 후 결심

그 외 익명을 필요로 하는 많은 '체제수호 세력'들이 북한을 이탈하였고

아직 해외에서 머물고 있는 사람들이 있다.

체제수호 세력은 아니지만, 한국 내 거주하고 있는 북한 이탈 주민의 수가 약 30,000여 명에 달하고 수만 명이 낯선 중국 땅을 헤매고 있다 하니 가슴이 절여온다.

그러나 분명한 것은 이러한 이탈 현상이 벌써 20여 년이 경과 되었고, 그동안 국제적 이슈로 많이 부각되어 UN과 미국, 유럽, 한국 내에서도 북한 인권법이 통과되어 김정은과 그 핵심 추종 세력들의 국제 활동에 제재를 밝혔고, 국제형사사법재판소에 제소가 되어 김정은의 운신에 폭이 많이 좁아졌지만 별반 달라지거나 나아진 것이 없다.

다시 한 번 강조하지만, 이런 이탈현상으로 북한의 여러 상황이 좋지 않다는 반증은 되고, 북한 지도층 사회의 극비상황을 어느 정도 간파할 수 는 있겠으나, 이것이 북한사회의 급변사태로 이어진다든지 체제위기까지 이어지기에는 김 씨 일가를 지탱하는 체제유지 전략이 아직은 앞서 나가고 있다.

다만 그동안 한국정부가 북한의 실상을 얘기하고, 남침위협을 강조하고자 했을 때, 이것이 또 국가안보를 정치에 이용하려는 것이 아니냐며 불신을 했던 정파와 국민들이 많은 북한 이탈 주민들이 방송이나 순회강연, 신문에 논리를 전파함으로써 북한의 참상을

진솔하게 알리게 되어 국민적 안보 공감대 형성에 큰 도움이 된 것은 사실이다. 따라서 '한반도 통일'이라는 대명제에 동의하는 국민이 많아졌고, 국방부의 안보정책이나 외교부, 통일부의 통일 외교 정책에 신뢰도가 높아지게 된 것은 북한 이탈 주민들의 역할이 큰 몫을 했다.

제3장
왜. 한반도를 넘어 일본인가?

김일성은 한국전쟁에서 앞장을 섰고, 승자도 패자도 없이 전쟁을 끝내고선 많은 후회를 했다. 첫 번째는 남조선을 적화통일 시킬 수 있었든 절호의 기회를 놓쳤다는 것과, 두 번째는 남북한 공통으로 너무 많은 상처를 입었고, 국토가 폐허화 되었다는 점이다. 김정일은 고모부 장성택을 남쪽에 내려 보내 산업시설을 포함한 남조선의 역동적인 움직임에 대해 소상하게 보고를 받았으며, 김대중, 노무현 대통령과 박근혜 특사 등을 만나면서 남조선 사회에 차고 넘치는 잠재력에 대해서도 파악하게 되었다. 뿐만 아니라 남조선 영화 예술계의 거장 신상옥과 최은희를 납치해 본인의 개인적 취향인 영화에 대한 폭 넓고 깊은 상식까지 알게 되면서 큰 포부를 새겼다. 남조선은 언젠가 함께 하면서 통일된 한반도의 무궁무진한 발전을 위해서 적극 활용을 하고 그 때까지 아껴 둘 존재 가치가 있는 대상으로 보았다. 김정은은 선대와 선친의 유지를 소중하고 진지하게 받아들이면서 '일본열도 공격'이라는 유업 달성을 위해 혼신의 노력을 기울이고 있다.

일본을 바라보는 시각

일본은 4개의 큰 섬과 약 4,000여 개의 작은 섬으로 이루어진 국가이다. 크기는 37만 평방킬로미터로 한국에 비해 3.7배 정도 크고, 한반도(22만)의 1.5배 크기가 조금 넘는 수준이다.

4개 큰 섬은 다음과 같이 이루어져 있다. ① 홋카이도(北海道, 원주민이 살던 곳으로 메이지유신 이후 복속 됨 ② 혼슈(本州, 일본 국내에서 제일 큰 섬, 본섬이라고도 하며 주요도시가 많이 있다. 동쪽에 수도인 도쿄가 있으며, 서쪽에는 오사카, 교토가 있음) ③ 큐슈(9개의 나라가 있었다고 하여 九州라고 부름 ④ 시코쿠(일본에서 네 번 째 큰 섬, 4개의 나라가 있었다고 하여 四國 이라고 함)

김정은은 유업으로 '일본열도 공격'을 이어 받으면서 어머니 고향 일본에 대해 많은 궁금증을 가지고 있었다.

때마침 선친이 데려다 놓은 일본 요리사 '후지모토 겐지'와 가까이 지내면서 일본의 언어와 풍습, 전통, 기질 등을 조금씩 알아 두었다. 최근에는 그가 평양에 초밥 집을 열고 싶다 하여 승인하였으며 일본과 네트워크 형성을 잘하여 북한의 전통 식문화를 일본에 전파하는 역할을 하도록 했다. 아울러 과거 선대 할아버지께서 야심차게 추진하여 많은 성과를 기록한 '일본인 북송사업'의 역사에 대해서 재조명해 봄으로써 선대가 얼마나 은밀하게 '일본 공격'을 꿈꾸고 세밀하게 준비해 두었는지를 생생한 기록을 접하면서 용기를 갖게 되고 더욱 분발하는 계기가 되었다.

그리고 그 사이사이에 일본 현지에서 일본인을 강제 납치해 오는 특수작전 경과를 보면서 멀고 험했지만 훌륭하게 임무를 완수하는 북한의 특수작전 능력에 대해서도 깊은 신뢰를 갖게 되었다.

지금 이 순간에도 많은 관련 전사들은 **'대동강 휴가계획 : 일본열도 공격작전'**을 준비하고 있다. 주로 현지모형 훈련, 언어와 생활 문화 숙달, 현지 정보원과의 소통 관계 등을 수 십 년 동안 대를 이어 숙달시키고 있다.

아울러 적개심과 사명감 고취를 위해서, 과거 일본에 의해 자행된 만행과 잔학상들을 구체적인 사례를 적시하며 사상교육을 시행하고 있다. 예를 들어서, 1930년~1945년까지 저지른 일본군위안부 동원, 1944년 2월 8일 '국민 총 동원법'에 의거해 강제 징용을 단행해 일본 군수공장이나 지하 광산 근로자로 부역 또는 전선 노무자로 끌고 다닌 사례, 1950년~1953년 남조선인민해방전쟁(한국전쟁)을 틈타서 일본은 미국의 군수지원 시설 설비와 각종 군수물자를 생산 제공함으로써 2차 세계대전에서 패망하여 폐허가 된 일본경제를 일으켜 세워 다시 경제대국으로 일어서는데 결정적인 역할을 하게 된 사실, 1960년대에는 베트남전쟁 기간 동안 역시 미국의 병참기지 역할을 하면서 경제력을 증강시켜 경제 선진국 대열에 진입한 사실 등, 일본은 2차 세계대전에서는 자국의 전쟁 지원에 필요한 전쟁 물자를 인접 국가를 강제 점령함으로써 수탈 동원했으며, 마치 전쟁으로 시작해서 전쟁으로 국력을 신장시킨 특수한 이력을 가진 국가, 심하게 표현하자면 '전쟁을 즐기는 국가'라는 점을 강조하고자 한다. 좀 더 심하게 표현하면, 만약 제2의 한반도

전쟁이 일어난다면, 중국은 필연적으로 동원되게 되어 있으니까, 이 틈을 타서 중국을 누르고 G-2 국가의 명예와 지위를 재탈환하려는 꿈을 간직하고 있는 듯 하다는 것을 강조하고 있다.

최근 일본의 군사전략적 동향에 대해서 깊은 관심을 가지고 예의 주시하고 있다.

2015년 6월 4일 일본이 지난 4월 아베 총리의 미국 방문 이후 한 달 사이에 미 첨단무기 50억 달러 치를 사들였다고 미국 국방부 산하 국방안보협력국(DSCA : Defense Security Cooperation -Agency)이 발표 했다.

주요 내용을 보면,

1. **E-2D 개량호크아이 공중조기 경보통제기 4대 → 노스럽그루먼사(社)로부터 17억 달러**
2. **V-22B 오스프리 수송기 17대 → 3억 달러, 다목적 쌍발 수직이착륙기**
3. **UGM-84L 하푼 미사일 관련 장비와 부품 → 1억 9900만 달러**
4. **초계기 P-1 20대, 수륙양용차 30대, 글로벌 호크 3대, F-35 전투기 6대**

한 편 일본의 방위비는 2015년 사상 최대로 4조 9,800억 엔을 책정했다.

그 외에 일본의 과감한 군사력 증강에 화답이라도 하듯이 미국은 주일 미군에 첨단무기 배치를 결정 했다.

1. **차세대 공중급유기 KC-46A 일본 배치**
   → 보잉사는 2027년까지 179대를 생산하여 미군과 일본 자위대 그리고 동맹국 항공기에도 급유한다고 밝혔다.

2. MV-22 오스프리 10대를 일본에 추가 배치

→2021년까지 수직 이착륙 수송기를 도쿄와 주일 미군 요코타(橫田) 기지에 배치 예정이고, 이미 오키나와에 CV-22 오스프리 22대가 배치되어 있다.

3. 글로벌 호크를 '미사와' 기지에 배치

4. 수륙 양륙함과 차세대 스텔스 전투기를 배치

5. 2017년까지 '요코스카' 기지에 이지스함 추가 배치

이렇듯 미국과 일본은 미일동맹관계 발전을 위해 최선의 노력을 기울이고 있다.

2015년 9월 19일 일본은 그동안 오직 방어를 위해서만 무력행사를 할 수 있다는 전수방어(專守防禦) 원칙을 폐기하고 '집단 자위권 행사'에 관한 법을 통과시킴으로써 전쟁을 할 수 있는 국가가 되었다. 일본 자국이 직접 공격을 받지 않아도 미국 등 밀접한 제3국에 대한 무력 공격에도 개입할 수 있게 되었다. 뿐만 아니라 일본 주변지역을 넘어 전 세계적 군사작전 전개도 가능하게 되었다. 아울러 일본의 역사 왜곡과 남조선이 실효 점령하고 있는 독도 문제까지 일본의 억지 주장과 허위 날조된 민족의 역사를 일본 학생들에게 교육하고 있는 실상을 낱낱이 공개할 예정이다. 이 모두는 '대동강 휴가계획'을 수립할 때 많은 고려를 해야 할 대목이다. 쉽지 않고, 순탄치 않을 역사적인 대 결단이겠지만 뚜벅 뚜벅 젊음의 패기로 다가서기로 다짐을 하고 있다.

제5부

가상 전쟁 상황

제1장
전쟁 야기(惹起) 과정

전쟁 결심 배경

제5부 '가상 전쟁 상황'의 구성 및 전개 과정은 필자의 저서 '한반도 전쟁 무서워하지 마'의 '예상되는 한반도 전쟁'에서 기본 틀을 따 온 것임을 밝히면서, 진행해 나가 보기로 한다.

김일성은 북한 정권 수립 전(前) 청년 시절에, 일본의 폭정을 피해 시베리아와 만주벌판에서 풍찬노숙(風餐露宿 : 바람을 먹고 이슬에 잠잔다. 객지에서 많은 고생을 겪음)을 하며 생활을 했다.

일본에 대한 남다른 감정이 뼈에 사무쳐 있다. 언젠가 집권을 하게 되면 반드시 일본에 본때(다시는 저지르지 아니하거나 교훈이 되도록 따끔한 맛을 보이다.)를 보여 줄 것이라는 깊은 다짐을 하고 있었다. 준비과정으로 첫째, 재일본 거류민단의 조직과 활동 지원, 둘째, 재일 동포 북송사업, 셋째, 일본인 납치, 넷째, 북한 내 일본 전문 학습소 운영 - 위 둘째, 셋째에서 우수한 자원을 선발해서 북한 내 우수 자원과 합동으로 일본인화 특수요원을 양성 하는 것이다. 그 과정에 아들 김정일이 태어났으며 김정일 자신은 일본에 대한 직접적인 경험은 없으나, 틈만 나면 되새기는 부친의 회한을 귀에 딱지가 끼일 정도로 들어서 완전히 세뇌가 되었다. 김정일은 한 수 더 나아가서 부친의 위 사업을 더욱 조직적으로 운영하고 특히 양성된 특수요원들을 여러 수단을 이용해서 일본열도를 왕래하는 실전 같은 훈련을 진두지휘 했다. 김일성은 생시에 김정일의 이러한 모습을 대견하게 생각하고 후계자로 낙점하는데 결정적인 역할을 했다. 내친김에 김정일 자신도 일본에 대한 관심이 증폭되기 시작하면서 마침 재일 동포 출신 무용수 '고용희'에 대해 급 관심을 가지면서 두 번째 부인으로 삼았다.

여기에서 태어 난 둘째 아들이 '김정은'이다. 고용희와 정이 깊어지면서 자녀 셋을 두게 되고 고용희의 일본식 입맛을 고려해 일본인 전문 요리사 '후지모토 겐지'를 채용해 일식을 전담하도록 했다. 김일성은 김정일을 신뢰하면서부터 '체제상속'을 위한 단계를 밟아 가기 시작했다. 러시아와 중국을 방문할 때 마다 동행시키고, 지방 순시에도 동행하면서 대내외적인 감각을 익히는데 게을리 하지 않았다. 김정일은 부친으로부터 엄중하게 물려받은 게 있다. 체제유지와 대량살상무기(핵, 미사일, 화생무기) 개발에 관한 특급 과업이다. 체제유지를 위해서는 '선군정치'와 '견제인사'를 강조 했으며, 대량살상무기는 체제유지 목적 및 '일본열도 공격'을 위한 것으로써 특히 무슨 일이 벌어져도 대량살상무기 개발은 중단해서는 안 된다. 는 점을 강조 했다. 충성스러운 김정일은 대량살상무기 개발과 실험을 통해서 핵을 개발 시켰고, 장거리 미사일 개발도 성공 시켰다. 그 과정에 많은 재원이 필요 했으며, 수 십 년에 한 번 있을까 하는 가뭄과 대 홍수까지 겹쳐 북한 경제가 파산 지경에 이르게 되었고, 많은 아사자와 식량을 구하기 위한 국경 이탈자가 대거 발생하는 '고난의 행군'이 이어졌다. 급기야 '화폐개혁'을 통한 경제 난국을 타파하려고 시도했으나 이마져도 실패로 돌아가고 말았다.

이 와중에 남조선으로부터 정상회담이란 카드를 들고 나왔다.

하늘이 도와준 기회로 생각하고 회담을 성사시키는 대가로 현금과 물자(비료, 시멘트, 식량, 의약품 등)를 요구하여 대량살상무기 개발 자금으로 유용하게 사용하였으며, 더불어 개성공단과 금강산 관광을 개시하여 이 곳 이용 자금을 모두 현금으로 지불을 하게 함으로써 체제유지비용과 경제난에 다소 숨통을 틀 수 있었다. 어떻게 보면 북한이 위기에 직면할 때마다 남조선이 구세주로 등단하는 것이 마냥 싫지만 않았다. 어쨌든 김정일은 부친의 유업을 성공적으로 수행하고 있었고 중국과 러시아와의 관계도 순탄하게 돌아가게 되면서 마침 중국의 동북 3성 개발계획의 일환인 "창-지-투 선도 구 계발계획" → "중국은 낙후된 동북 3성(랴오닝성, 지린성, 헤이룽장성)을 부흥시키기 위해 야심찬 '창지투(長吉圖. 창춘-지린-투먼) 선도 구 계발계획'을 추진하고 있다. 중국 정부는 이 계획을 2015년 11월 국가사업으로 승인했으며 향후 2020년까지 2800위안(49조 3200억)을 쏟아 붇기로 했다. 베이징 외교가에서는 북한이 동북3성 부흥의 핵심인 '동해 출항권'과 개혁개방을 약속한 대신 대규모 경제원조와 투자유치를 얻는 '빅딜'이 이뤄졌을 것이라는 관측이 나오고 있다. 현재 100개에 달하는 창지투 사업 가운데 북한과 관련한 도로와 철도 등 교통망 확충 사업이 8개에 달하며 투입 규모도 140억 위안(2조 4100억원)으로 추산 된다."

김정일은 중국에게 '동해 출항권(나진, 선봉)'과 '군사 목적 항(?)' 기지를 약속했고, 대신 대규모 파격적인 경제원조와 투자를 유치해서 낙후된 '인프라'구축과 신 압록강대교 건설, 위화도 임대기간 연장, 황금평 개발 등을 통해 경제에 활력을 불어넣은 다음, 점진적으로 개방을 확대해서 북조선식 시장경제, 즉 중앙정부 주도의 경제에 국외 투자 유치 및 세제지원, 인민들에게 사유재산 보장(토지는 제외) 등, 금융활동의 개방을 시도해 보려고 했다. 사실 이미 중국은 태평양으로 진출을 위한 원대한 꿈속에 나진 · 선봉으로의 진출이라는 4단계 전략이 있었다. 즉 ① 준비단계(1985~89년)로서 투먼-훈춘 도로 · 철로 건설, 훈춘에 변경 무역 구 개발 ② 개발단계(1990~93년)로서 유엔개발계획(UNDP)이 향후 30년간 훈춘 지역에 항구와 공항 등 인프라 건설 합의 ③ 성숙단계(1994~2000년)로서 대북 교류 4개 세관 설치, 대북 해운 개통 ④ 굴기단계(2001년~현재)로서 창춘~옌지~투먼 개발계획 확정, 옌지~투먼 고속철 착공, 나진 · 선봉 특구 중국 국영기업 독자개발 착수 등 중국의 전략대로 모든 것이 착착 진행되고 있다. 그럼에도 불구하고 김정일은 생시에 늘 중국에 대해 상당한 불만을 가지고 있었다. 무상원조(식량, 연료, 생필품의 국내 소요 70% 이상)를 받고 있으나, 보다 통 큰 지원을 희망하고 있었다. 그래서 중국과의 관계 유지에 있어서 '군사력 유지 및 건설'에 관한 한 독자 노선을 걷고 있었다.

즉 핵 및 장사정포 개발 및 실험, 국지전(천안함, 연평도) 등은 그에 단독 의지로서, 중국은 항상 실행 후 알게 되어 있었다. 이에 대해 불만의 여지가 있겠지만, 양국 간에는 상호 내정불간섭원칙이란 것이 있다. 남조선 또한 北의 지난 행적에 대해 여러 가지 사과 요구가 있지만 결정적 계기(남북정상회이나, 수교 등)가 있기 전에는 사소한 투정 부리는 것 정도로 돌리고, 사과 요구에 대해서 그는 차갑게 난색을 하고 있었다. 김정은은 평소 이 모든 것을 뚜렷이 지켜보고 머릿속 깊이 새기고 있었다.

그동안 짧은 기간이지만 선친(김정일)의 불꽃같은 야망을 가장 가까운 곳에서 같이 불 태워 왔고, 선친이 주문을 외듯 엄중하게 당부한 지상목표를 너무나 잘 기억하고 있다.

그것은 체제유지와 '일본열도 공격'이다.

첫째, 체제유지를 위해서는 핵 및 미사일 개발에 박차를 가하고, 국정운영은 표면으로는 선당(先黨) ,무게는 선군(先軍)정치로서 견제형 조직관리를 하는 것이며, 경제 재건을 위해서는 북조선 식 개방형 경제를 서서히 도입 하는 것이다. 둘째, '일본열도 공격' 과업 달성을 위해서는 조-중, 러, 미, 남조선, UN과의 각각 특화된 외교 전략을 취하고, 특히 대일본전략은 이미 잘 구축되어 있는 일본 내의 北 네트워크를 수시로 재정비 강화하고, 항상 공세적 대일 우위 전략을 전개하라는 것이다. 김정은은 선친의 유훈을 법통으로 삼아 나름의 통치를 하고 있었다. 특별히 선친 생시에 군부대 시찰 동행과 이미 구축 해 둔 중앙 군부 진영이 모두 충성을 맹세함으로서 모든 것이 순조롭게 자리 잡게 된 것을 큰 위안으로 삼았고, 장성택(고모부, 국방위 부위원장)의 군부와 당을 넘나드는 신기에 가까운 묘책과 묘기, 김경희(고모, 당 조직부장)의 조용한 조직 지도능력에 감탄을 금치 못하면서 국정에 안정을 도모하고 있었다. 선친 사후 처음으로 장성택, 김경희와 함께 조촐하게 만찬을 하면서 지금까지 숨 가쁘게 달려온 국정운영에 대해 잠시 회고하는 시간을 가지기도 했다. 이어서 김정은은 그동안 선친으로부터 물려받은 곳간(재정 상태)을 재정비하고 이를 더욱 다지는 과업을 추진하기로 하고 파악에 들어갔다. 예상외로 곳간이 많이 비어 있고, 이를 고모부 장성택이 모두 장악하고 있다는 것을 알게 되었다.

당시 고모부는 중국과 밀접하게 접촉하면서 황금평 개발을 추진하고 있는 중이었고, 이 사업이 북한 경제발전에 큰 디딤돌이 될 것이라면서 확신에 차 있었다. 고모부를 통하지 않고는 전체적인 경제상황을 알 수 없었고 하나에 철옹성이 쌓아져 있음을 알게 되었다.

국가안전보위부장(김원홍)을 불러서 은밀하게 내사를 하도록 했다.

불과 십여 일 만에 청천벽력과도 같은 보고를 접수하게 되었다. 우선 북한 지도세력의 대부분이 고모부 사람이라는데 놀랐고, 특히 대내외 경제일꾼 대부분이 고모부 사람으로 이루어져 있다는 사실은 경악을 감출 수 없었다. 일찍이 자신에게 북한 경제사정이 보고되지 않은 이유를 알게 되었다. 특히 놀라운 것은 장성택이 전반적으로 중국에 조종당하고 있다는 사실이다. 보위부장은 보고를 마치고 김정은의 눈치만 살피고 있었다. 어떤 하명을 기다리는 비장한 자세가 풍기고 있었다.

김정은은 잠시 어떤 감정이 동시에 교차되기 시작했다. 외국 유학을 마치고 돌아 왔을 때 선친 김정일은 무척 반가워하는데 고모부 김경희와 장성택은 무언가 확 와 닿지 않은 묘한 감정을 어린 나이지만 읽을 수 있는 순간이 있었다. 당시 이복형 김정철을 무척 애지중지 했다는 얘기를 여러 사람들을 통해 알게 되었다. 어쨌든 결과적으로 실권은 김정은에게 넘어 왔지만 모르는 것이 너무 많아 바짝 달라붙어 하나하나 깨우치려고 했고, 선친 생시에 장성택을 잘 관리하라는 말과 함께 네가 완벽하게 실권을 휘두를 수 있을 때 까지는 어설프게 건드리지 말라는 당부 까지 들은 적이 있다. 조금 이른듯하나 이제는 맞붙을 자신이 있다는 느낌이 들었다.

김정은이 입을 열었다. 어떻게 하면 되겠소? 보위부장은 기다렸다는 듯이 '즉각 제거를 해야 합니다. 더 이상 두었다가는 체제에 위기를 맞을 수도 있습니다.' 다만 한 가지 감수해야만 하는 것이 있습니다. 중국의 반발이 강하게 나올 수 있습니다. 김정은이 약간 이성을 잃는 듯 했지만, 곧이어 신속하게 처형 하시오. 고모 김경희에게 의사 타진이나 아무런 기별 없이 곧 바로 처형을 단행했다. 김정은의 젊은 패기와 용단이 돋보인 한판 승부였다. 김정은은 매사에 자신감이 넘쳐나기 시작했다. 내친김에 그 동조 세력을 모두 처형하고, 이어서 군부 장악을 위하여 인민무력부장 현영철도 군부 주도 경제 장악 과정에서의 부정과 군부 주도의 경제 과업이 신통찮은데 대한 책임을 물어 공개적으로 자주포에 의한 잔인한 처형을 단행하여 북한 전역을 공포정치의 도가니로 몰아넣었다. 군부대 방문 횟수를 증가 시키고 충성 서약을 받는 등 명령만 내리면 곧장 전쟁에 돌입할 수 있는 체제를 갖추도록 주문했다. 중국의 거센 반발로 북한 경제에 어려움은 닥치겠지만 곧바로 응수 하지 말고 서서히 대화로 풀어 가기로 하고, 대신 러시아와 관계 폭을 넓히도록 하였다.

곧이어 견제 형 국정 운영을 위해 당 중심 인사들을 요직에 등용 하면서 그 만의 제1차 비선 라인까지 구축해 두었다. 즉 박영식(인민무력부장), 이수용(외무상), 리영길(총참모장), 김양건(통일전선부부장), 황병서(총정치국장), 김영철(정찰총국장), 김원홍(국가안전보위부장), 최부일(인민보안상,) 조경철(보위사령관), 윤정린(호위사령관), 주규창(군수공업부 제1부부장), 김락겸(전략군사령관), 최상려(미사일 지독국장), 이제선(원자력 공업상), 장병규(최고 검찰소장), 손철주(조직부국장), 최휘(당 선전선동부장), 김병호(선전선동부부부장), 오일정(노동당군사부장), 조연준(당 조직지도부 제1부부장), 노광철(인민무력부 작전국장), 리광근(대외무여경 부장),이용남(대외 경제상), 김계관(외무성 제1부장), 맹경일(통일전선부 제1부부장), 한광상(당재정경리부부장), 김춘삼(총참모부 작전국장), 서홍찬(인민무력부 제1부부장), 홍영칠(기계공업부 부부장), 염철생(총정치국 선전부 국장), 강지영(조국평화통일위원회 서기국장), 김여정(노동당 선전선동부 부부장)등을 개별적으로 만나 충성을 다짐 받았다. 내친김에 이제 홀로서기의 모습을 전체 인민에게 과시하기로 했다. 먼저 지도자의 당당한 위풍을 보여 주기 위해 군부대 방문, 인민경제 현장 방문과 현지 지도 소식, 평양 순안 공항에 김일성 초상화 제거 등 정국을 몸소 헤쳐 나가는 그림을 인민들에게 널리

홍보하기도 했다. 그 사이 고모 김경희의 타계 소식도 듣게 되었다. 생전에 몇 번 만나자는 연락을 받았지만 마음 약해지는 것을 피하기 위해 외면했지만 막상 돌아간 소식을 접하고는 무척 가슴이 아팠다. 집권 초기에 하나하나 꼬집어 예를 들면서 다정다감하게 토닥여 주던 것을 생각하면 도리가 아니지만 더 큰 것을 해야 한다는 선친의 유지를 받든다는 맘으로 그냥 삭이기로 했다.

며칠을 지나고 나니 본인이 성큼 더 성숙해졌음을 깨닫게 되고, 국정 운영에 더 강한 세몰이를 하기로 결심했다. 러시아의 전승절 행사 참석 초청이 왔다. 주재 대사를 통해 일등 국빈 예우를 요구하는 등 물 밑 대화를 했지만 중국 시진핑 주석이 참석 하는 등, 그 요청을 들어 줄 수 없다 하자 방문을 취소하기도 했다. 이렇듯 선대로부터 이어오는 자존심은 어떠한 경우에라도 꺾지 않는다는 대원칙을 견지한 셈이다. 남조선과의 관계를 이대로 묶어 둘 수 없다고 판단해서 대화의 시작을 은밀한 사건을 일으켜 남조선이 굴복해 들어오는 방법을 시도해 보기로 했다. 김영철 정찰총국장을 불렀다. 상황을 남조선에 뒤집어 씨 울 수 있는 방법을 고안해 보라고 했다. 김영철은 지금까지 한 번도 시도하지 않은 DMZ 내에서의 지뢰 폭발을 가장한 남조선 타격을 제안 했다. 김정은은 지난해 전면전쟁을 대비해서 가장 아끼던 심복 김상룡 중장을 제 2군단장으로 보낸바 있다. 2군단 지역은 한국전쟁 당시에도 북한군의 남침 주력부대로써 서울을 3일 만에 점령하게 한 최정예 군단으로 정평나 있다. 김상룡에게 임무를 주라고 했다. 결과는 성공적이었지만 후속되는 상황이 북한에 아주 불리하게 작용이 되자 북한은 당황하기 시작했다. 남조선이 확성기 방송을 전면 재개할 줄을 꿈에도 생각하지 못했는데 좋지 않은 방향으로 국면이 흘러가자, 김양건과 황병서를 동원해서 '유감'이라는 정말 하기 싫은 사과를 표명하고 일단락을 지었다. 남조선의 확성기 방송을 예측하지 못한 군부 실세에 대한 문책이 예상된다. 이어서 중국으로부터 '항일전쟁 전승 70주년 열병행사'에 참석해 달라는 초청을 받았다. 몇 번 시진핑 주석과의 대화를 하고 싶었지만 상호 자존심 때문에 번번이 실패를 했고 이번에는 꼭 참석 해 볼 계획이었으나 역시 최고 국빈대우를 해 달라는 요청에 중국이 거절함으로써 최룡해를 대신 보내는 결과를 낳았다. 지금 중국과는 상당히 싸늘한 관계가 지속되고 있다. 대신 러시아와 새로운 관계가 진전되어 중국으로부터 일부 무상지원에 제한을 받던 에너지 문제가 러시아에서 해결을 보게 됨으로써 이참에 러시아의 '나진-선봉 특별자치구 개발' 참여를 확대해 줌으로써 개발에 활력을 찾게 되었고 중국을 견제하는 이중 플레이가 가능해 졌다. 중국은 지금 북한을 길들이고 있다. 그런데 그것을 북한이 이미 눈치를 채 버렸다. 북한은 중국이 어떠한 경우라도 북한의 손을 놓지 않는다는 것을 잘 알고 있기 때문에 자꾸만 몽니를 부리고 있는 것이다. 김정은은 본인이 무슨 행위를 해도 궁극적으로 중국은 내편이다. 라는 것을 염두에 두고 있다. 과업에 몰두하기 시작하면서 김정은은 머리가 아프다. 갖은 방법과 지혜를 다 동원해도 인민경제가 나아질 기미가 보이지 않는다. 경제 엘리트 일꾼들도 무언가 열성적으로 움직이지만 성과물을 가져 오지 못하고 있다. 그 원인이 UN의 제재와 남조선의 5.24 조치(2010년 3월 26일 천안함 폭침사건으로 5월 24일

이명박 정부에서 교역 중단, 대북 신규 투자 금지 등)가 가로막고 있음을 알게 되었지만 뾰족한 방법을 모색하지 못하고 있다. 체제유지를 위해서 핵과 미사일은 절대 포기할 수 없고, 천안함 사건에 대한 책임 자인과 금강산 민간인 피살 사건에 대한 사과 역시 인정 하는 순간 전체 인민들에게 선포한 위선이 탈로 나게 됨으로써 김정은의 권능에 심대한 손상을 입게 되어 있다. 해결의 실마리를 찾기가 쉽지 않음을 잘 알고 있다. 어떤 활로를 개척할 필요성을 느끼게 되면서 경제문호개방과 인민경제 시스템 개혁, 군수공장 방문, 이란으로부터 석유 수입 거래 협정을 통한 유류확보에 다변화, 쿠바 부총리 일행을 초청하여 김정은의 정상외교를 부각시키면서 국제사회에서 아직 북한이 살아 있음을 노출시키는 등 변화를 거듭 했고, 최근에는 선친 생시에 군사전략의 한 수단으로 채택한 사이버전 강화를 위해 매년 김일성대학에서 천여 명을 대상으로 컴퓨터교육을 하면서 이 중에서 우수자를 선발하여 총참모부 정찰국 산하 사이버 부대로 특채시켜 6천여 명에 이르는 정예 사이버전 전사를 양성해 두었다. 이들에게 특별히 해킹 기술을 전문적으로 교육하여 일본과 남조선 주요 기관에 대한 정보를 입수함은 물론 신종 기법으로 일본과 남조선 사회에 만연하고 있는 불법 도박 프로그램을 제작하여 매년 50만 달러 이상을 빼돌리고 홍콩, 마카오 등 도박이 성행하는 곳 어디에든 침투해서 매년 3천 억 원에 달하는 수익을 올리기도 했다. 이렇듯 돈이 되는 마당이 있으면 물불 가리지 않고 전력을 투사했지만 벌어들이는 것에 비해 쓸 곳이 너무 많아 국정운영은 전반적으로 녹록치 않았다. 최후 수단으로 2015년을 '통일대전 완성의 해'로 선포하여 내부적으로 혁명역량 강화를 도모하고, DMZ 지뢰사건과 남조선의 한미연합훈련에 즈음해서 준전시 상태를 선포하여 전반적인 전쟁 역량과 인민들의 호응도를 점검해 본 결과 어느 정도 긍정적인 반응을 얻었다고 평가했다. 표면상으로 나름대로 안정을 되찾아 가는 듯이 평온한 모습은 보였지만, 다른 한편에서 날로 극심해 지고 있는 경제난에 가뭄과 홍수까지 덮치면서 더욱 어렵게 되고 국제사회에 손길을 뻗어 보았지만 예전 같지 않게 냉랭하기만 하다. 오히려 곳곳에서 벌어지는 민란과 국경선 이탈, 군무이탈, 각종 유언비어의 난무 등, 흉흉해지는 민심 이반현상을 잠재울 방도가 떠오르지 않아 깊은 고민에 빠져 있었다. 먼저 국정 변혁을 위한 대대적인 개혁을 단행하기로 했다. 첫째 체제수호 세력 진영에 대한 대대적인 정비를 하기로 하고, 이 때 남조선 박근혜 정부가 2015년 4월 민간단체의 대북지원의 해제와 지방자치 단체 및 민간단체의 교류를 허용해 다소의 빛이 보였으나, 우리의 핵실험과 미사일 발사 실험에 대한 UN 및 미국 그리고 국제사회의 동참 대열에 남조선이 동참하게 되면서 2016년 2월 10일 갑작스럽게 개성공단 폐쇄에 들어감으로써 유용하게 활용되든 현금 유통에 타격을 받게 되었다. 개성공단에서 남쪽 기업이 지불하는 임금은 모두 달러로써 년 간 1억 달러 씩 들어오고 있었다. 김정은은 다시 체제를 다잡고 국정을 정상 가동하기 위해 제2차 비선 라인을 구축해 나갔다. 총참모장에 리명수, 정찰총국장에 한창순, 군수공업부장에, 리만건, 군수경제위원장에 조춘룡, 조직지도부 부부장에 조용원, 평안남도 도당위원장에 박태성, 국가안전보위부 정치국장 김창섭(대장 승진), 통일전선부장 김영철, 국가안전보위부장 김원홍을 강등, 숙청하고 공석-김정은 직접 관리 등, 얼마 후, 황병서 총정치국장이, 리명수 총참모장, 김춘삼 총참모부 작전국장을 대동하고 시급한 정국 타개 방안이라면서 무언가 들고 나타났다. 지금까지 주로 일방적인 지시만 했고 비서직을 통한 비대면 보고만 접수했었지, 공식 대면보고 형식은 처음이다. 심각하고 비장하게, 오히려 담담하게 종이 장을 넘기기 시작했다. 그것은 적색 극비(極秘)의 **'일본열도 핵전쟁계획 : 가칭 대동강 휴가계획'**이었다. 김정은은 당황하지 않았다. 선친 생시에 무수히 들어왔고, 가상전쟁연습을 많이 참관한 탓으로 오히려 깊은 호기심을 내 비치고 있었다. 어쩌면 선대(어버이 수령, 김일성)의 DNA가 고스란히 유전되어 환생을 했다 할 정도로 도발적인 모습을 보였다. 언젠가 한 번은 해치워야 할 것, 어느 정도 분위기만 조성된다면 이참에 돌파구를 마련하는 것이 바람직하다며, 심중에 두고 있었다는 듯 비장한 표정이다. 황병서 일행은 김정은의 그런 모습이 싫지 않은 듯 소상하고, 진지하게 설명을 진행했다. 결과적으로 최종 전쟁 결심은 김정은의 몫이기 때문에, 이들의 보고 내용과 김정은의 생각을 종합해서 결정을 내리기로 하였다. 이 계획은 당분간 4인방만의 극비로 하기로 하고, 김정은은 그 후 비선 라인의 의견을 서두르지 않고 객관적 일상적 업무 수행 차원으로 자연스럽게 접촉하면서, 명확한 정보를 바탕으로 하는 다양한 의견을 청취한 후에 절체절명의 국운이 걸린 '대동강 휴가계획'의 결심 이유는 이렇다.

1. **국제사회가 특히 일본이 북조선 보기를 우습게 보는 경향이 있고, 지금의 경제력으로 일본을 향한 전쟁은 엄두도 낼 수 없을**

것이라는 안이한 생각과, 일본 스스로 자국의 경제력을 바탕으로 한 '고도의 조기경보 시스템'만 갖추면 선제타격으로 얼마든지 도발에 대비할 수 있다는 자신감에 차 있다는 정통한 소식이 접수되었다.

2. 국내 경제 사정이 북한 정권 수립 후 최악의 상황에 직면해 있다는 경제 전문가들의 솔직한 보고가 있고, 더욱 고통스러운 것은 향후 2~3년 이내에 북한 자력으로 나아질 전망이 불투명하다는 점이다.
3. 설상가상으로 중국과 러시아까지 자국 내 사정이 좋지 않아 더 이상 무상원조가 어렵다는 전언이 왔고, 국제연합 식량농업기구(FAO : Food and Agriculture Organization)에서도 전쟁 피난민 구조와 내전으로 인한 난민 구조에 주력하다보면 북한에 대한 인도적 차원의 지원 규모가 대폭 삭감이 불가피하다는 전망을 해 주었다.
4. UN과 미국 그리고 국제사회의 제재 강도가 북한의 운신 폭을 대폭 옥죄게 됨으로써 해외 외화벌이는 물론이고 국외 주재 외교관들의 공식 활동까지 위축이 되어 자금줄 통로가 차단되는 지경에 이르렀다.
5. 그동안 대량살상무기(핵, 미사일, 화생무기) 개발은 완전무결한 상태가 되었으며, 특히 핵무기 소형화에 성공과 대륙간탄도미사일(ICBM : Intercontinental Ballistic Missile)과 잠수함발사탄도미사일(SLBM : Submarine Lauanched Ballistic

Missile) 개발과 실험에 성공 했고 특히 전자기파 탄(EMP : Electromagnetic pulse Bomb)의 개발에 성공하여 실전 배치를 하게 됨으로써 우리의 의지를 노골적으로 표현할 수 있게 되었다.

6. 특수전부대의 양성, 특히 '일본인화 특수전문요원의 양성'과 현지 적응훈련의 완성은 '기습전쟁의 성공'을 담보할 수 있는 요소가 되었다. 무엇보다 수송수단(잠수정)의 대량 확보로 동시에 다발로 결정적인 곳에 침투시킬 수 있는 역량을 확보하게 되었다.
7. 우방인 중국과 러시아는 국경 인접국가에서의 전쟁을 용인하지 않겠지만 막상 전쟁이 일어나면 분명히 적극적으로 개입할 것이라는 황병서의 평소 지론과 군부 핫라인 정보가 뒷받침 되었다.
8. 미국과 남조선은 전쟁 발발과 동시에 동원령이 선포 되겠지만, UN주재 우리 대사의 물밑 교섭으로 곧바로 진정 상태로 전환될 것이다. 즉 미 본토와 주일/주 남조선 미군과 조선반도 남쪽에는 실제 군사력의 움직임이 없다면 핵 투발을 하지 않을 것이다. 라는 확신을 심어 주었기 때문이다.
9. 특별히 방점(傍點)을 둔 것은 최소전쟁 경비로써 최대의 전쟁 결과를 획득할 수 있다는 확고한 전승 의지가 결심하는데 크게 작용했다.

이 모든 기간은 짧고, 강력하게 그리고 신중에 신중을 다하면서, 국정

운영을 다시 선군(先軍)으로 전환하여 '전략 로켓사령부와 특수전부대 중심으로 유능한 장령들을 포진시키기 시작했다.

그 완료 시점은 '3대 혁명역량: 북한 내 혁명 역량, 일본 내 혁명 역량, 국제적 혁명 역량)'이 최고조에 달한 시점을 보고 중대 결단을 하려고 한다.

김정은의 의지로 지략과 용단을 총 동원해서, 국제사회의 도움 없이 오직 북조선의 힘으로만 이 어려운 난국을 타파하여 지금의 북조선이 살아남을 수 있도록 그동안 은밀히 갈고 닦은 비장의 카드를 사용하는 것이다. 즉 일본열도를 수중(手中)에 넣은 다음 북조선 식 동지 화 국가를 건설하여 북조선의 위성국가로 시스템을 전환하고 기존의 일본식 시장경제 모델을 지속해서 나간다는 것이다.

북 조선은 서서히 일본의 경제체제에 융합이 되도록 할 것이다.

반면에 남조선은 협상을 통해 북조선과 문호를 개방하고 북조선의 발전 속도에 따라 병합시킨 다음 '조선반도 통일의 시대'를 펼쳐 나가겠다는 야심찬 계획을 가지고 있다.

아울러 미국은 주 남조선/주일 미군의 주둔을 미국이 원하는 방향대로 용인해 나가면서 '조 · 미(朝美) 우호의 시대'를 열어 나가겠다는 의지를 전달하려고 한다. 여기에 중국과 러시아의 강력한 반대가 뒤따르겠으나 '동북아 평화의시대' 서막이 바로 이러한 모습이며 미국 · 중국 · 러시아가 서로 윈윈하는 것이 라는 것을 이해시키고 관용으로 받아드려 줄 것을 당부 할 참이다.

전쟁 전략 구상

북조선에 대한 국제사회의 인식은 아주 불리하게 조성되어 있다.

중국과 러시아까지 서구사회 분위기에 동조하는 듯하다.

그러나 중국과 러시아는 온갖 위기상황에서도 변함없이 북조선을 지지하고 혈맹의 관계를 유지하고 있다는 믿음에는 변함이 없다.

특히 고마운 것은 체제승계를 기꺼이 받아 주었고, 마음에 흡족하지는 않지만 무상원조라는 카드를 버리지 않고 끈끈하게 유지해 주고 있다는 점이다. 최근에 조금씩 움트고 있는 북조선에 대한 회의적인 시각을 가진 사람들의 움직임인데, 중국과 러시아와의 경제 및 군사관계에 있어서 유념해야 할 것은, 잘 나가고 있을 때 이때 더 잘 유지 발전시키는 성숙되고 진솔한 외교기술이 필요한 시점으로 보고 있다.

UN으로부터 수차례 경고와 제재를 받고 있고, 미국과 국제사회로부터 경제제재를 받고 있는 동안 국내적으로도 가뭄과 홍수 등 재난으로 민심이 흉흉해지고, 국경을 이탈하는 주민이 늘어남으로써 총체적인 어려움을 겪고 있지만 우리의 지상과업인 체제수호와 대량살상무기를 실전배치함으로써 '**일본열도 공격이라는 대동강 휴가계획**'을 완성하여 인민경제의 난국을 일시에 타파하고 나아가 남조선을 흡수하여 민족의 염원인 '조선반도 대 통일 과업'을 달성하고자 하는 '김정은 동지의 대야망'에는 변함이 없다.

그 어려운 역경을 무릅쓰고 이제 모든 채비는 다 끝이 나 있다.

위대한 지도자 동지의 명령만 떨어지면 전 국토는 일시에 전쟁 상황에 돌입할 것이며 인민군 전사들은 각자 맡은바 구역에서 소임을 훌륭하게 수행하게 될 것이다.

일본은 과거 2차 세계대전에 이어 또 한 차례 '핵전쟁'이라는 참상을 맞이하게 된다. 이 현실이 가슴 아프지만, 이것은 지난 역사의 업보이고, 일본 정치 지도자들의 정치적 야욕에서 비롯된 그릇된 민족의식, 역사의식이 빚어낸 대 참화로써 애꿎게 선량한 국민만 아무 영문도 모른 체 인류역사 최대 비극의 현장에 희생양이 되는 것이다. 만약 일본 정부가 자위대를 동원하고, UN군 지원을 요청 하는 등 반발이 심하면 심할수록 그 피해의 강도는 더 세 질것이며 '일본 왕을 비롯한 총리가 포함된 전쟁지도본부'에서 빠른 시간에 항복을 선언하면 할수록 상황이 호전 될 것이다. 만약 버틴다든지 묘수를 캐내는 엉뚱한 짓을 한다면 도쿄 인근 대도시 인구밀집 지역에 경고 없이 즉각 추가 투발을 하게 될 것이다. 시한은 최초 핵 투발 후 24시간 이내이다.

'핵 투발' 전 이미 열도에 상륙되어 요소요소에 침투되어 있는 북조선 특수부대 요원들에게는 다음과 같은 임무가 부여 될 것이다.

1. **자위대 육해공군, 경찰, 해안경비대의 무장해제와 귀가 조치**
2. **일본 왕과 전쟁지도본부의 감금 및 각 언론기관 점거 및 보도 통제**
3. **일본 보통 시민의 활동(교육, 종교 등),재산 보장 및 각종 기반 시설의 가동 보장**
4. **일본 거주 외국인을 비롯한 언론활동 보장**
5. **각종 정치 단체, 각 정보기관, 노동 관련조직은 전면 해산되고,**

집회 활동은 전면 중지

6. 일반 대중교통은 보장하나, 공항, 항구 등은 잠정 폐쇄, 단 교역을 위한 운항은 지속

'핵 투발'은, 개발된 소형화된 전술핵으로써 투발 지역은 일본열도 '도호쿠(東北)와 주부(中部) 지방' 중 서너 곳이 될 것이다. 이곳을 선택한 이유는 일단 투발 후에 예상되는 낙진이나 해류의 이동으로 인한 조선반도에 피해를 줄이기 위함이다.

무자비한 공략으로 숨통을 끊어 놓듯 휘몰아쳐야 전쟁을 조기에 종식시킬 수 있겠지만, 전쟁 후 함께 다시 시작해야 하는 '동지 국가'로의 길을 가야하기에 웬만한 일본의 국가시스템은 그대로 가동시키는 방향으로 가닥을 잡았다. 총체적으로 김정은의 '일본열도 공격 구상'은 물 흐르듯 큰 변화 없이 북조선과 일본이 동화하도록 하면서 일본열도에 북조선의 '위성 정부'를 수립하는 것이다. 여기에 정부수반은 한시적으로 김정은에 의해서 임명이 되고, 북조선과 일본을 동시에 관장하는 최고통치 지도자는 김정은이 맡아서 기반을 구축하도록 한다. 그 통치의 틀은 새로운 정치 모델인 '북조선 식 시장경제체제'를 유지 하는 것이다. 그래서 서서히 북조선의 정치 환경을 일본의 새로운 정치 모델처럼 변화시켜 나감으로써 북조선인민의 생활수준을 일본 만큼 끌어 올리는 것이 목표이다.

'북조선 식 시장경제체제'란, 일단 모든 주체는 국가 주도의 체제로 전환하되, 사유재산과 기업의 재산, 그 외 공공의 재산 등은 그대로 유지 계승된다. 일본의 시장경제 논리를 대폭 수용한다는 의미이다.

제2장
전쟁 서막(序幕)

전쟁 직전 평화공존 활동

김정은 군사집단의 구상은 '談談打打 打打談談' 전술이다. 상대방이 전혀 낌새를 알아차리지 못하도록 하는 '기만(欺瞞)'과 '위장평화전술'로서 고도의 유연성을 발휘하는 것이 성공 요건이다. 이것은 선대로부터 이어져 온 DNA가 김정은의 몸속에서 용틀임하고 있는 것으로서 큰 유산이요 자산이며, 자긍심으로 자리매김하고 있다.

김정은이 생각하고 있는 '일본열도 공격'은, 'D - 365일부터 일본이 평소 학수고대 하는 사업부터 그 청사진을 서두르지 않고 조화롭게, 국제사회와 공유하면서 시작하는 것이다. 0000년 신년사, 북조선 인민들에게는, 지금까지의 국정지표를 '선군정치'에서 '선민정치'로 전환한다는 선언으로서, 장마당 및 텃밭의 활성화, 부분적 사유재산 인정, 통행의 자유를 보장하고, 국가보위부의 감축과 활동을 제한하는 대신, 『국가인민복지위원회』를 설립하여 본인이 직접 관리한다는 것을 천명한다.

국제사회에 대해서는, 그동안 강경 일변도의 국정운영에 대한 유감의 뜻을 표하고 지금부터 국제사회 흐름을 공유하면서 하나하나 문호를 개방한다는 것을 선포 한다. 다만 국제사회가 내정에 너무 깊이 관여하지 말고 차분하게 변모 해 나갈 수 있는 시간을 달라는 당부를 한다. 먼저 북조선에 투자를 하면 각종 세제에 인센티브 부여와, 관광, 여행의 자유를 보장하고, 남조선에는, 그동안 발생한 각종 사건들에 대해 유감의 뜻을 표하면서 전쟁포로, 민간인 납북자, 이산가족 상봉 및 정례화 등을 위한 당국자회담을 제의 한다. 일본에게는 납북자 및 배상금문제, 조-일 수교, 조총련 지위 문제, 조-일 스포츠 교류 등을 제의하고, 미국과는 평양에 미 대표부 설치와 무상원조 그리고 유해 발굴 및 송환 문제를 제의 한다. 6자회담 당사국들에게는, 핵확산금지조약(NPT : Nuclear Non-Proliferation Treaty) 가입 및 핵시설에 대한 국제원자력기구(IAEA : International Atomic Energy Agency) 사찰, 6자회담을 통한 핵 포기 등을 제의 한다. 이러한 대형 프로젝트들을 통해서 유훈통치와 '김정은'의 입지를 강화하는 모습으로 비치도록 각종 매스컴을 최대한 활용한다.

D - 400일 NPT 가입 선언 및 IAEA 사찰을 허용하고, 6자회담 재개를 통하여 이를 논의 할 것을 제의 한다. 아울러 남조선에도 당국자 회담을 조기에 개최 할 것을 제의 한다.

D - 390일 미국 유해 발굴단의 실적이 공개되고 1차 유해 송환이 대대

적으로 전 세계에 전송이 된다.

D - 360일 조 · 일 1차 당국자 회담이 평양에서 개최되어 각종 현안 해결을 위한 합의가 일사천리로 진행 되어 북조선은 , 납북자에 대한 송환을 3차에 걸쳐 송환하기로 하고 평양과 도쿄에 양국 대표부 설치를 합의 했고, 양국정상들의 상호 방문도 협의 했다. 일본은 식량을 비롯한 북의 요구물품을 보내기로 합의 한다.

D - 350일 6자회담이 북경에서 개최되어 IAEA 사찰단의 입북일자와 사찰 결과에 따라 핵 처리 문제를 재 토의하기로 하였다.

D - 335일 2차 조 · 일 당국자 회담(도쿄)에서 북송 일본인 처 1800여 명 생사 확인, 배상금 문제, 평양-도쿄 친선 축구대회를 합의하게 된다.

D - 320일 1차 당국자 회담 결과물이 진행 된다. 북조선은 납북자송환을 일본은 식량을 비롯한 물자를 보내면서 환영과 환송행사가 대대적으로 보도 된다.

D - 300일 평양-도쿄 친선축구대회가 도쿄에서 개최되었고, 여기에 북조선 예술단원들이 대거 참석하여 일본 응원단 속으로 들어와 가벼운 포옹과 스킨십으로 분위기를 고조 시킨다. 또한 2차 미국의 유해 봉송이 평양과 워싱턴에서 거행 되었다.

D - 280일이 김정은과 황병서는 총참모장을 대동하고 중국과 러시아를 각 각 방문한다. 명목은 한-미-일의 연합훈련에 상응하는 북-중 및 북-러 연합 군사훈련에 관한 협의와 현재 진행 중인 조 · 미 · 일 긴장 완화를 위한 각종 활동에 대한 중간보고 형식을 띄게 될 것이다. 출국 전에 '정찰총국장'에게 대략 보름 정도의 시간을 주면서 그동안 일본열도

해변의 가장 최근 영상을 보여 달라고 지시를 해서, 이들 '특수전 요원'들이 일본열도에 접근하는 역량을 간접적으로 점검해 본다. 아울러 전략로켓사령부 주요 직위자와 전선에 군단장 및 사단장급을 정예자원으로 진영을 갖추는 작업을 D - 150일까지 마무리를 할 것이다.

최종 장비점검은, 9.9절(북조선 창건일) 행사 준비의 일환으로 전군 일제 전투장비 점검을 통해서 육, 해, 공군 별 우수부대를 선정, 시상하는 것으로서 장비 점검을 마무리해 둔다.

이제 남은 기간은 구체적으로 어떻게 공격을 할 것인지에 대한 전략을 구상해 두는 것이다. 기존에 가지고 있던 작전계획에 조금의 변형을 시도해 본다. 즉 중국과 러시아의 지원을 일체 배제하고, 공격 당일까지 통보조차 하지 않는 단독작전으로서, 『기습 핵공격을 하는 것이다.』

다시 말해서, 이번 전쟁은 과거 선대가 주도한『전면전쟁과 차원이 다르게 유색역량(병력)과 핵심거점』 위주의 타격을 말한다. 도쿄 뿐 아니라 일본열도 대도시 전체를 불바다로 만들 수 있지만, 일본 인민과 산업 및 도시기반 시설에 대한 공격은 제한 한다는 의미이다.

D - 250일 '정찰총국장'에게 부여된 임무가 보고되었다. 무방비 상태로 열려 있는 일본 해안 풍경을 바라보고, 내심 전쟁에 성공을 예감 하게 된다. 평소 부여된 각자 임무를 잘 상기 하고 훈련에 열중하라고 지시 하면서, 추가로 일본 내 혁명동지들에게도 그들의 노고에 대하여 열렬히 치하와 격려를 하고 유사시 수행 임무를 빈틈없이 점검하도록 인편으로 전문을 전달하도록 하였다.

D - 200일 그동안 일본 측과는 많은 교류가 활발하게 진행되었고, 각종

상황을 검토한 결과 일본 정부 당국이나, 군부, 정치계, 인민들 모두가 지금의 조 · 일 교류에 대해 신뢰 하는 분위기로 전환 된 것으로 확신한다. 이즈음 김정은은 조 · 일 정상회담(12월 30일 목표로)을 제의 한다. 만나서 보다 더 통 큰 교류와 관계를 형성 해 보자고 한다. (평양, 도쿄에 대사관 설치, 양국 민간차원의 자유로운 교류, 남조선을 경유하는 시베리아 횡단 철도와 가스 배관 연결, 등을 물 밑 제기)

D - 190일 북조선 원산 지역에 제2공단을 조성하여 일본 측 기업이 북조선 인력을 유리하게 활용하고 각종 세제 혜택과 물품 반입을 자유롭게 하도록 하였다.

D - 170일 조 · 일 측 남녀 유명인사 각 1쌍을 선정해서 평양과 일본에서 결혼식을 거행하고 매스컴을 통해 방영한다. 아울러 향후 당국 승인하에 혼인도 가능 하다는 것을 선포한다.

D - 160일 2차 6자회담이 북경에서 개최되어 IAEA 사찰결과에 따라 핵 폐기와 국제사회의 지원 문제가 공식적으로 논의 되어 60일 이후에 가시적인 조치를 하기로 합의 하였다.

D - 150일 2차 조 · 일 친선 축구대회가 평양에서 개최되고, 특별히 일본 전국 각지에서 모집된 응원단 1,000명이 도착하였고 이들을 융숭하게 접대를 하였다. 아울러 각종 언론도 대거 입북해서 자유로운 취재가 가능 하도록 하였다.

D - 130일, 조-중, 조-러 연합 군사훈련을 3박 4일간에 걸쳐 실시 한다는 공식성명을 발표 한 후에, 내부적으로는 모든 항공기와 함정에 대한 연료와 무기, 탄약을 100% 장착한 상황을 점검한다.

D - 120일 조 · 일 정상 회담을 위한 2차 당국자 회담이 평양에서 개최되었다. 이 때 북조선 거주 일본인 처 송환 규모와 시기, 평양 예술단과 교예단의 일본 공연 문제도 합의를 하게 된다.

D - 115일, 조 · 일 친선 여자축구 대회를 위해 일본 대표단이 평양에 도착한다.

D - 108일, 미 국무부장관이 조 · 미 수교단을 대동하고 4박5일간의 일정으로 입국을 한다.

D - 90일, 황병서 일행이 미국 워싱턴을 방문해서 조 · 미 수교와 북조선 주재 미국 대표부 설치 문제를 협의 한다.

D - 75일, 황병서 일행이 일본 도쿄를 방문해서 조 · 일 수교와 북조선 주재 일본 대표부 설치 문제를 협의 한다.

D - 60일, 1차 조 · 일 일본인 처와 납북자 송환 문제를 협의 하여 일본에게 송환 인원과 일자를 통보 한다. 일본은 일제히 환영하고 북조선의 외교 노선에 대해 극찬을 한다.

D - 45일, 북한은 핵시설에 대한 사찰을 협조하고, 영변, 동창리, 무수단리 등 핵시설 봉인과 미사일 발사기지 폐쇄 과정을 국제사회에 공개를 한다.

D - 30일, 일본 납북자 송환 행사를 성대히 거행하고 일본은 이를 대서특필하면서 조 · 일 수교의 발전을 약속한다.

D - 15일, 조 · 일 정상회담을 위한 실무자 회담이 평양에서 개최된다. 평양 예술단원들과 교예단원들로 구성된 200여 명이 약 보름간의 공연을 위해 출국 한다.

D - 7일, 국방위원회, 당 중앙군사위원회, 당 중앙위원회, 당 중앙검사위원회 및 군단장급 이상 전군지휘관회의를 소집한다. 이 자리에서 김정은은 준엄하고, 비장하게 『대동강 휴가계획: 일본열도 공격명령』을 하달한다. 보안, 기습, 속도, 정확성, 특수전 및 사이버전부대원들의 활동에 승패가 달려 있음을 강조한다. 아울러 말단 부대까지의 명령하달은 지금 이 시각 이후 일체 유, 무선사용을 금지하고 '전령'으로 할 것이며, 각급부대와 수송 수단 역시 전방으로 이동을 일체 금지한다. 이 명령은 제관들만 숙지를 하고 절대 그 누구에게도 발설하지 말 것을 엄명한다. 예하부대까지 명령 전파는 군단장(사령관)이 직접 각 예하부대장을 방문해서 하달하고 그 이하 모두 전령으로 하되 보안 문제는 누차 누누이 강조를 하도록 한다. 그리고 평소에 수(數)도 없이 해 온 실전 같은 훈련을 잘 상기하면서 금번 일본열도 공격을 위한 큰 사명이 나에게 당도했음을 영광스럽게 생각하고, 한 번 더 D일까지의 보안 유지에 각별한 관심을 기우릴 것을 강조한다. 첫째도, 둘째도, 셋째도 보안이 최우선이다. 그리고 힘주어 엄명하기를 만약, D일 이전에 전쟁기도가 탄로 났을 경우 에는, 탄로가 난 그 상황을 국지적인 사건으로 곧 바로 돌리고, 나머지 진행 또는 준비 중인 모든 계획을 원점으로 환원하여, 전쟁계획 자체를 없었던 것으로 한다.고 했다. 특별히 이날, '친형 김정철'에게 다음과 같은 특수임무를 부여 한다. 『특수전부대총사령관』으로 임명 하면서, 기존 호위총국과 인민보안성,'정찰총국장'을 직접 지휘하고, 20만 특수전부대를 적극 운영토록 하였다. 이번 전쟁을 성공적으로 마치게 되면, 김정은'은 '항일 유격전'에서 혁혁한 공훈을 세운, 할아버지,

수령의 DNA를 고스란히 물려받은 영웅으로써, 대를 이어 영도 하는데 손색이 없는 위대한 지도자로 등극하여 독보적인 권력을 휘두를 수 있는 아성을 쌓을 수 있게 됨은 물론, 국제사회에도 지성과 야성을 고루 갖춘 뛰어난 맹장으로써 군림을 하게 되고, 국제질서의 판도를 논할 수 있는 명 장수로써의 입지를 갖게 된다.아울러 이번 전쟁에서, 지상군 주력은 현 전선에서 남조선의 움직임을 예의 주시하고 언제든지 군사력이 동원될 수 있도록 한다. 특수전부대는 10만은 현 전선에서 대기하고 그동안 잘 훈련된 10만이 일본열도로 이동한다. 그리고 결정적인 전략자산인 핵, 미사일, 화생무기, SLBM은 이미 부여된 임무대로 수행할 준비를 한다. 이렇게 제한된 전력만을 전쟁에 동원하는 것은 전장의 특수성을 감안한 것으로써 오랜 시간 동안 모의훈련을 통한 결과임을 밝혀 둔다. 잔여 특수전부대는 만약의 사태에 대비한 것으로 특별히 남조선 주둔 미군이나 미 증원군, 남조선 특수전부대의 전략적 절단을 시도하게 될 상륙작전(남포, 원산)에 대비해야 한다. 이 모든 군사력 운영은 제한된 공격 역량을 가진 측에서 상대를 공격할 때 적용하는 기습공격의 일환으로써, '상대가 예상치 못하는 방법으로 공격하는 기습공격의 한 수단이다.'라며, 동지들의 오해가 없길 바라고, 더욱 용분(勇奮) 질주해서 선대(김일성, 김정일)의 여망(일본열도 핵전쟁)을 완수하기 바란다는 비장함도 전달한다.

D - 5일, 연합군사훈련을 위한 항공기 및 함정들이 해당 국가로 이동을 시작 한다. 그리고 중앙방송을 통해서 금번 훈련은, 지금까지 한 번도 실시해 보지 않았던 양개 국가 간에 군사적 친선 도모에 목적을 둔 해,

공군 중심의『우의교환 훈련』이며, 농작물의 피해를 방지하기 위해 특별히 동계를 택했다는 것을 여러 번 강조 한다. 사실 저변에는, 전쟁이 발발했을 때 北의 계획과 달리 전황이 전개 되어, 남조선-미-일 연합 공군력에 의한 제공권 박탈로 인해서, 北 항공기와 함정들의 피해를 미연에 방지 하려는데 목적이 있다. 아울러 남측 연예인들을 포함한 일행 100여 명이 공연을 위하여 평양을 방문한다. 그리고 이날 '특수전부대원'들은 일본인화 복장과 장비를 갖추고 출정 길에 나선다. 일부는 공해상으로, 연합훈련을 위한 출정과 상선으로 위장해서, 잠수정을 이용해서, 부여된 임무가 있는 지역으로 D-2일까지 3차례 분산해서 침투를 하게 된다.

D - 3일, 미 국무부장관이 조 · 미 수교와 평양에 미 대표부 설립에 관한 최종협상을 마치고 출국하였다. 그리고 이날 북 · 남 이산가족 상봉 첫날이 금강산에서 열리고 있었다.

D - 2일, 일본 외무부장관이 조 · 일 수교와 배상금문제 협상을 위하여 방문하였으며, 이 날 1차로 일본인 처 5명이 일본으로 돌아오고 일본은 대대적인 환영 행사를 한다. 평양에서 공연을 마친 남측 연예인들이 모두 출국을 한다.

D - 1일, 일본 각 지방에서 순회공연을 마친 평양 예술단원들과 교예단원들이, 도쿄에서 마지막 공연을 하기 위해서, 신주쿠에 있는 호텔에 투숙 중이라는 보도를 일본매스컴을 통해서 열렬히 보도를 한다. 공연장소인 일본 요미우리 자이언츠의 홈구장인 도쿄 돔은 모두 매진되고 일본 방송을 비롯한 언론매체들의 중개 준비도 완료된 상태이다. 중국과

러시아에서 진행된 연합훈련 역시, 성공적으로 양국과의 우의와 친선을 도모하고 금일 24:00시 부로 종료된다는 발표를 동영상 사진과 함께 대대적으로 보도를 한다. 아울러, 일본 전 지역에 침투한 특수전부대원들은 각자의 동선을 눈에 익히고 모두, 부여된 장소에서 D일 H시를 대기하고 있다는 보고가 접수 된다.

D 일, 김정은은 성공을 예감하면서 '중국 창춘'으로 향한다. 이 곳은 조선반도 전쟁이 발발할 시에 북조선 전쟁지도본부가 위치할 장소가 있다. 그리고 중국 주석과 러시아 대통령에게 일일이 금번 작전에 불가피성을 설명하면서 사전에 승인을 득하지 못한데 대한 사죄를 구하고, 특사를 보내어 공격작전계획을 설명하도록 하였다. 아울러, 연합작전을 마치고 양국에서 철수 대기 중인 항공기와 함정들에 대해서는 당분간 대기시키도록 협조한다. 신주쿠 호텔에 대기 중인 예술단원 200명을 준비된 차량에 탑승시켜 특수부대원 경호아래 '도야마 항'으로 이동시키고 준비된 선박에 탑승시킨다.

D + 1일, 이날은 도쿄에서 조 · 일 정상회담을 위한 당국자 간 최종회담이 개최될 예정이었다.

'대동강 휴가계획 : 일본열도 핵전쟁' 전략 지침

김정은의 대전략은 일본열도를 공산화하기 위한 전쟁이 아니고, 일본 내 北에 '비우호적 집단'을 몰아내고 북조선 '동지 화 국가'를 수립하기 위하여 북조선에 우호적인 '일본 내 혁명동지'들을 원조하기 위한 전쟁이다. 따라서 공식 명칭을 **'일본열도 핵전쟁'**으로 하고 섬멸 대상을 일본 내 유색역량(군인과 경찰, 해안경비대, 이를 지원하는 미군)으로 하였다.

전쟁은 오직 김정은의 결심으로, 김정은이 직접 주도해서 이루어 질 것이며 우방국의 도움 없이 **'북조선인민공화국 단독작전'**으로 수행하게 된다는 것을 국제사회에 공포한다. 중국과 러시아의 원조를 요청 할 수도 있지만, 공격 당일까지 양개 국가의'보안유지'에 믿음이 없고, 특히 그들의 내정이 그렇게 녹록 칠 못하며, 특별히 양 국가들이 전쟁 간 협상전략에서 보다 자유스럽도록 하자는데 이유가 있다.

공격명령 하달은 모두 전령에 의해서 수행해야만 하고, 지상군의 공격출발선은 현부대배치선에서 별도의 움직임 없이 곧바로 출격을 하되, 별명이 있을 때까지 대기한다. 핵 및 전략사령부 역시 별명이 있을 때까지 대기 한다. 특수전부대는 사전에 침투하여 D-1일 까지 목표 지점에서 대기 하고 명에 의거 출발한다. 공격은 반드시 기습을 달성해야하고, 속도를 생명으로 하여 24시간 내에 도쿄를 점령해야 하며, 명에 의거 일본 왕실과 수상 집무실, 방위성, 통합막료회의, 미군사령부를 확보한다. 동시에 일본 내 주요 언론기관을 점령하여 선전선동사업을 전개한다. 이로써 48시간 이내에 반드시 전쟁을 종식시키기 도록 한다. 전쟁 진행 과정에도 끊임없이 일본 주둔 미군사령부와 일본전쟁지도본부에 종전 협상을 시도 하도록 한다. 이를 위해 주 UN대사의 물밑 대화를 강조한다. 현재 일본의 재래식 군사력과 비대칭전력, 주일 미군의 전력수준을 비교해 보면 아 측의 10만 특수전부대원으로 감당하기에는 상당한 무리가 따른다. 따라서 두 국가의 군대가 연합을 한다면 상상 이상의 무서운 전력이 나타 날 수 있다. 때문에 양국 군대가 연합하기 전에 또한 미 증원군이 추가로 도착하기 전에 모든 것을 종결지어야만 한다. 이러한 상당한 위험부담이 도사리고 있기에 우리는 모든 것을 한꺼번에 섬멸할 수 있도록 '**기습 핵공격**'을 감행하는 것이다. 특히 기습은, 경제적으로 열세한 北의 입장에서 볼 때, 성공만 한다면 현재의 전력에서 3~5배의 상승효과를 나타낼 수 있는 만큼, 아주 사소한 전술부터 대전략에 이르기까지 모든 지략을 총동원할 것을 강조한다.

일선(전연) 군단장과 전략로켓사령관, 특수전부대 총사령관이 특별히 명심해야할 것은, 금번 전쟁을 3일 이내에 종결시키지 못하면 역으로 우리가 패하게 되고 결과적으로 DPRK(조선민주주의인민공화국)는 지구상에서 살아지게 된다. 필사의 각오로 전쟁 속도를 가속화해서 일본 전쟁지도본부와 주일 미군사령관을 꽁꽁 묶어 두어야 한다.3일이란, 전쟁이 발발하고 난 후 UN 안보리 결정과 미 의회 결정이 이루어지는 가장 빠른 시간을 상정한 것이다. 다만 한 가지 변수로 작용될 수 있는 것은 도쿄 지역에 '핵 투발'을 하지 않음에 따라 인접 공항 또는 항구를 이용한 일본 측 수뇌부와 주일 미군 수뇌부의 국외 이탈을 예상할 수 있음으로 특수전부대 사령관은 공항 및 항구 차단 등 각별한 주의가 요망된다. 놓치면 모든 것이 수포로 돌아간다는 것을 명심하여 대세에 지장이 없도록 전투력 운용을 해 주기 바란다.

다시 한 번 강조 한다. 지상군 주력부대는 현 전선에서 남조선 군대와 미군의 움직임을 예의 주시한다. 감시 장비에만 의존하지 말고 남조선 현지 정보 요원의 확실하고 분명한 정보 제공을 받도록 한다. 만약 군사력의 움직임이 있으면 그 바탕을 선제 타격하여 근원을 제거하기 바란다. 핵 사용 권한은 각 군단장들의 건의에 의거 본인이 할 것이며 부득이 한 경우 화생무기 사용권한은 군단장에게 위임 한다.

전쟁 상황의 진전에 따라 남진을 해야만 할 경우에 지상군 주력부대의 남진 최후선은 "**모란봉 라인 : 삼척~태백산~소백산~죽령~조령~천안~서산**"까지로 하고 그 이남(제주도 포함)은 특수전부대의 활동으로 장악 한다. 해군과 공군은, 계속 중국과 러시아에 대기하다가 우리 지상군이 남조선군의 집단 출격으로 위기에 처 할 때에, 긴급 출격하여 활동을 지원하도록 한다. 특히, 해군은 우리 특수전부대가 일본열도에서의 임무를 완성하고 복귀를 할 때에 침투의 역순으로 안전한 복귀를 보장한다. 전략로켓사령관은, 2차 세계대전 후 처음 시도되는 '**천지가 개벽할 엄청난 대사건**'을 우리가 주도 한다는 무거운 책임감과 사명감으로 금번 전쟁에 임해 주길 바라며, 단 한 치의 실수가 용납될 수 없는 치밀하고 용의주도한 계획으로 이미 선정한 두 곳에 신명을 받쳐 '핵 투발'을 해 주기 바란다. 아울러 간토지방 도쿄 상공에 EMP탄을 투사하여 일본과 미군 전쟁지도본부의 지휘, 통제, 전자, 통신기능을 마비시켜 제 기능을 발휘할 수 없도록 해야만 한다. 이번 작전에 승패는 새로 임명된 『김정철 특수전부대 총사령관』의 지략과 용병술에 달려 있다. 침투, 은신, 암살, 폭파는 평소 가상 전쟁연습을 통해 숙달한 것과, 평소 일본지역 침투 및 접선을 통해 훈련된 모든 기량을 총동원하고, 특히 일본내에 잘 양성되어 있는 우리' 혁명동지'들과의 호응을 조화롭게 하는 것이다. 특수전부대의 주 임무는, 일본과 미군 수뇌부(왕, 수상, 방위성

장관 및 통합막료장, 미군사령관)의 신변확보를 하는 것이고, 일본과 미군의 항공기 및 함정이 단 한 대, 한척도 출격 및 출항을 할 수 없도록 공항과 항구시설을 점거 또는 폭파하는 것이며, 각 조 당 화생무기를 지참시켜서 제한적으로 조장 책임 하에 위기탈출 용으로 사용할 수 있다. 그리고 1차 부가적인 임무는 일본 내 모든 미군 및 그 가족들을 인질로 잡아 특정한 장소에 고립시켜, 이들을 이용해서 미국의 증원군과 항모, 전략 폭격기의 파견 의지를 근원적으로 잘라버리는데 필요한 협상 카드로 활용할 수 있도록 하는 것이다. 2차 부가적인 임무는, 일본 국가위기관리체계의 질서를 파괴시켜서 정상적인 전쟁지도가 불가능하도록 만든다. 즉, 주요요인 암살(거주지에서 지휘소로 이동시), 지휘통제시설 파괴 및 주요도로상의 터널, 미사일 기지 조기경보체제를 폭파하여 전쟁물자와 증원 병력의 이동을 차단하는 것이다.

3차 부가적인 임무는, 일본 내 방송, 주요 신문사를 점령하여 이미 주어진 원고 내용(일본 인민과 외국인들의 안전보장과 협조 당부)을 계속해서 반복 보도를 하는 것이다. 아울러 일본의 도시기반 시설(전기, 수도, 가스, 철도, 댐 및 발전소 등)에 대한 제재는 일체 금한다. 아울러 현지 수탈 수송 수단(선박, 차량)을 최대한 활용하여 정부양곡, 대형 기업들의 물류창고 내에 소비제품, 완제품, 기자재, 건설자재 등을 북으로 수송 한다. 단 일본 인민들의 생명과 재산에는 일체 피해가 없도록 한다.

전쟁 간 '打 打 談 談(전쟁 간 대화) 전술'로써 UN과 국제사회, 일본 전쟁지도본부에게 '종전협상'을 수시로 제안하고, 주미, UN 주재 우리대사의 적극적인 활동을 강조한다. 협상의 1차 목표는, 일본 내 '비우호적

진영'을 국외로 추방시키고 일본 내'동지 국가'를 수립하는 것이며, 미군의 일본열도 주둔을 보장 한다.

2차 목표는, 북조선 우호 동지를 규합해서 주요직위에 보직하여 빠른 시간 내에 정국을 안정화 시키는 것이다.

3차 목표는, 체포된 미군사령관을 이용해서'핵보유국 지위' 확보에 주력 한다.

위와 같은 협상을 원활하게 진행시키기 위해서, 『협상 상대는, 일본은 형식적 협상 상대로 돌리고, 핵심 대화를 위해 현재 일본에 주둔 중인 미군사령관을 반드시 참여토록 한다.』 그 위상과 입지를 존중 해 준다는 의미이다. 따라서 전쟁 간 수용되어 있는 '미군과 그 가족'들에 대해서는, 미국이 증원군 파견을 하지 않는 조건하에, 부분적으로 석방한다. 모든 협상은 시한부를 정하고, 이에 적절한 대응조치가 없을 시에는, 선별적으로 공개사살을 하여 공포 분위기를 조성하고, 국제적 여론을 고조 시킨다는 전략이다.

공격 개시일(D · H)과 시간은 우리 군에 절대적으로 유리하고 일본과 주일 미군이 절대적으로 불리한 일자를 선정 해야만 한다. 일본 현지에서 수집된 정보와 우리의 정보 분석을 바탕으로 선정한 최상의 공격개시 일자는, 바로 일본의 최대 명절인 '신정기간'이용하기로 했다. 동계 작전은 전반적으로 우리에게 익숙 되어 있는 극한의 상황이고, 평화로운 삶을 지향하는 일본에게는 고통스러운 기간이 될 것이며, 더욱이 평온한 명절 기간을 이용함으로써 일본과 주일 미군의 즉각적인 전쟁 반응을 하는데 상당한 어려움이 따를 것이다.

제3장 전쟁 발발(勃發)/경과

공격 계획(명령)

본인에게는 **'신의 두수'**가 있었다.

체제를 유지해야만 하는 절체절명의 지상과업이 엄연한데,

UN과 미국은 냉혹하리만큼 잔인하게 본인의 목을 죄었다. 더 이상 도망 갈 길까지 차단을 당함에 따라 하는 수 없이 '신의 두수'를 물밑 제안 했으나 단번에 거절을 당하고 말았다.

'한 수'는, 북조선과 미국이 수교하여 '대량살상무기 : 핵, 미사일, 화생무기)'를 제거 하고, 북조선에 미군이 주둔하는 것까지 받아 드리겠다. 다만 체제유지를 보장해 주고, 개혁개방에는 순차적으로 할 수 있도록 시간을 달라, 그리고 식량, 유류, 생필품 지원과 인프라 구축을 지원해 주고, 중국과 러시아와의 기존에 우호관계 유지를 인정해 달라는

것이었다.

'두 번째수'는, 그동안 모든 준비가 다 끝난 '핵무기'와 투발 수단인 미사일, SLBM, EMP 탄을 이용한 '핵전쟁'을 도발하겠다. 대상 국가는 '일본열도' 이다. 완벽한 승리를 위해 '특수전부대 10만을 동원' 하겠다. 투발대상에 남조선과 주둔 미군, 일본 주둔 미군, 도쿄는 제외하겠다. 다만 제외 대상들이 군사력을 움직이게 되면, 추가 핵 투발을 하겠다. 여기에는 '미 본토'도 포함이 된다.

하는 수 없이 '두 번째 수'를 가동 하게 되었다.

전쟁은 종합예술이다. 이를 통수하는 사람은(지도자, 장령) 오묘한 전율을 모두 음미할 수 있어야만 한다. 그 안에서 사생관(死生觀)을 같이 하면서 융합이 되어 비로소 발현 되는 능력은, 절대치 이상으로 상승효과를 낼 수 있다. 충성스런 조선인민군 동지들이여!! 일본열도에 있는 우리의 열성 혁명동지들이 '이밥에 고깃국'을 차려 놓고 동지 여러분들을 기다리고 있다. 용맹 침투하여 어서, 차려진 밥상을 받도록 하자!! 나에 명령은 간단하다. 『기습달성, 정확한 투발, 속도유지, 특수전 및 사이버전부대의 임무완성』이 승부에 관건임을 명심한다.

1. 상황 〈가정(假定)〉

가. 일본 육군은, 현 배치 지역에서 전수방어 임무를 수행할 것이다.

해군은, 이지스함에 의한 조기경보 시스템을 잘 가동 할 것이고, 센카쿠 열도에 집중하면서 사방이 바다인 광범위한 해안에 초계 임무를 수행할 것이다. 공군은, 인공위성과 사드에 의한 조기경보 시스템을 정밀하게 운용할 것이며, 평상시와 다름없는 일상적인 초계비행과 관제임무를 수행할 것이다. 특전부대는 우수한 기동력과 장비를 확보하여 최상의 전투력을 발휘할 것이다.

나. 일본 주둔 미군의 공격능력은 띄어나지만, 주로 증원부대에 많은 것을 의존할 것이다. 또한 전쟁지도능력은 탁월하고, 조기경보시스템 역시 잘 가동될 것이나, 우리의 '저강도 공격 방식(게릴라전, 테러)'에는 취약할 것이다.

다. 일본군 전쟁지도본부는 연합작전능력이 부족하고 전쟁에 대한 실전 감각이 둔 하겠지만 C4ISR(지휘 · 통제 · 통신 · 컴퓨터 · 정보 및 감시 · 정찰 : Command, Control, Communications, Computers, intelligence, Surveillance & Reconnaissance) 체계를 갖추고 있고, 외교 활동을 통하여 국제사회 여론을 유리한 방향으로 환기 시킬 것이다.

라. 일본군은 지원병제도의 하사관급 간부 위주 편성으로 전투기술은 숙달되어 있으나, 비정규전에 취약하고 특히 악(惡) 기상에 즉응하는 인내력이 부족하여 전쟁 상황 극복에 고전할 것이다.

마. 일본군, 미군 공히 자체경비가 허술하고, 특히 주요 간부들이 영외거주로, 비상소집 시 자체 경호, 경비에 취약점이 노출될 것이다.

바. 일본 내 아파트, 빌딩, 정형화된 일반시설들은 도리어 우리의 게릴라식 작전에 유리하고, 정상작전을 하는 일본에게는 불리할 것이며, 많은 차량

들이 피난 행렬에 가담됨으로서 도로망 이용에 제한이 따를 것이다.

사. 일본 인민들의 태평한 안보관은 우리특수전부대원들에게 황금무대를 제공해 줄 것이다.

아. 전장의 형세는 인구 밀집 도시형과, 공업지대가 각종 교통망으로 잘 연결되어 있고, 해안선을 따라 형성된 군소 산악지대는 우리의 특수전 부대의 활동에 유리하게 분포되어 있으며, 북 알프스, 남 알프스라고 일컫는 고산지대는 우리의 작전형태를 비추어 보았을 때 무시해도 관계가 없을 것이다. 전체적으로 전장의 폭이 좁고 종심이 길게 뻗어 있어 우리가 지향하는 핵심지역에만 집중하면 나머지는 그냥 굴러 들어오게 될 것이다. 일본군과 미군의 기계화부대, 특히 대부대의 이동 같은 정상작전은 염두에 두지 않아도 될 것이다.

자. 악 기상(영하, 적설)은 피, 아 모두에게 불리할 것이나 활동적인 공자(攻者)에게 더 유리할 것이다.

차. 일본과 미국은 우리의 핵 개발에 대해서는 그간의 실험 정보를 입수해 인정하는 것 같지만 소형화, 고도화와 실전 배치에 대해서는 다소 부정적이다. 특히 운반 수단인 미사일 개발에 대해서는 더욱 확신을 갖지 못하는 눈치이다. 우리는 그런 모습이 싫지 않으며 실험을 하지 않고도 더욱 과학화할 수 있는 세계 일등 수준의 우리 핵 개발 수준을 숙지하지 못해 방비에 다소 느슨 한듯하다.

카. 도쿄에 핵 투발이 되지 않음에 따라 일본과 미군 전쟁지도본부의 괌이나, 하와이, 필리핀 등 국외 이탈 가능성이 예상되고, 지하 벙커 등 예상치 못한 곳으로 은신을 시도하게 될 것이다.

타. 우리 인민군은 철저한 보안유지에 성공하여 지상군은 평양-원산선 이남에 잘 전개되어 있고, 특수전부대는 일본 내 혁명동지들의 적극적인 도움으로 각 임무수행 지역에 침투하여 D · H(공격개시 일자 · 시간: Day of Attack · Hour)를 기다리고 있을 것이다.

파. 중국은 조 · 중 연합훈련에 주력할 것이고, 금번 전쟁에 개입은 않겠지만, UN을 비롯한 국제사회에서 우리를 지원할 것이다.

하. 러시아 역시 조 · 중 연합훈련에 주력할 것이고, 전쟁에 개입은 않겠지만, UN이나 국제사회에서 우리 문제에 대해서는 NCND(Neither Confirm Nor Deny : 시인도, 부인도 하지 않는) 입장을 견지할 것이다.

거. 일본 내 우리 혁명동지들의 각종 정보제공과 은신처 제공, 각종 보급, 탄약, 장비, 수송수단 지원은, 특수전부대 활동에 유리하게 작용 할 것이다.

너. 남조선 내 우리 혁명동지들 역시 남조선군과 미군의 동태를 정확하게 파악해서 정보를 제공 할 것이다.

더. 주 UN주재 우리 대사 및 각국 공관은 금번 전쟁을 UN과 미국이 북조선의 숨통을 극심하게 조임으로써 살기 위해 선택한 어쩔 수 없는 전쟁이며, 더 이상 전선을 확장시키지 않고 단 시간 내 종결시켜 전후(戰後) 복구에 임할 것이라며, UN 차원의 군사력 동원을 자제해 줄 것을 적극 독려 하고, 만약 움직이면 상황이 더욱 악화 된다는 것을 분명하게 경고할 것이다.

2. 임무

조선민주주의인민공화국 군대(DPRK-Army: Democratic people's of Republic of Korea)는, **『0000년 1월 02일 03:00시 부』** 로 현 전선에서 핵 4발을 발사하여 일본열도 ① 도호쿠 지방의 이와테 현과 미야기 현 ② 주부지방의 시즈오카 현과 아이치 현에 투발하고, 간토 지방의 도쿄 상공에 Emp 탄을 폭발 시킨다. 특수전부대는 D-1일까지 목표 지점에 도착하여 준비를 완료하고 **02시 50분 핵 투발 직전**에 임무를 개시 한다, 심장부인 수도 도쿄를 24시간 내에 점령하고, 미군을 고립시켜서 48시간 내에 전쟁을 종결 시킨다.

3. 작전 개념

전략로켓사령부 제1분소(연대급)는 무수단과 노동 미사일을 이용하여 핵 투발 준비를 한다. 제2분소 역시 무수단과 노동 미사일을 이용하여 핵 투발 준비를 한다. 제3분소(대대급)는 EMP 탄을 발사 후, 추가 발사 임무를 수행 한다. 제4분소(연대급)는 KN-8 대륙 간 탄도 미사일로써 핵 투발을 준비 하고, SLBM을 하와이 인근으로 이동시켜 미 본토와 일본열도에 핵 투발 준비를 한다. 제 5분소(연대급)는 전략예비로써 중국과 러시아의 방공 요격 시스템과 연합해서 자체 요격체제를 갖추고 미국, 일본, 남조선의 선제 미사일 공격에 대비한다.

나머지 분소(대대급)들은 일본열도와 미 본토에 추가 발사를 위한 준비와 남조선과 주둔 미군, 일본열도와 조선반도 해역으로 움직이는 미 항공모함에 대한 투발 준비를 한다.

현 전선에 배치되어 있는 제4, 제2, 제5, 제1군단과 기갑사단, 기계화군단 및 사단, 포병사단이 협조하여 제1 제파로써 휴전선 돌파를 준비고, 제8, 제10, 제9, 제7군단이 후속하여 전과확대를 준비한다. 해군과 공군의 주력은 현 위치(중국, 러시아)에서 명령에 대기한다. 특수전부대 중에 제1 제파(일본열도)의 '독수리'는 일본 수도 도쿄에 집중 운영하고, '부엉이'는 미군 시설, '송골매'는 일본군 자위대, '딱따구리'는 매스컴(방송, 신문)시설, 박쥐는 해안경비대와 경찰, '까마귀'는 주요 요인 암살, 체포, **'까치'는 공항(군, 민간), 항만 차단 및 폭파, 미사일 및 레이더, 통신기지 점령 및 폭파,** '제비'는 기동예비 조로써 도쿄 중심에서 기동력을 확보한 후 각 분파의 지원 요구에 대비한다. 특별히 '부엉이'와 '송골매' 편성에 많은 자원과 우수자원을 배치하여 일본 해상자위대와 미 해군 잠수함에 탑재된 미사일과 핵의 움직임을 관찰하여 사전에 차단 또는 폭파를 하기 바란다. 제2 제파(국내 대기: 제11군단-폭풍군단 포함)의 '호랑이'는 모란봉라인(삼척~태백산~소백산~죽령~조령~천안~서산) 이남(제주도 포함) 지역에서 독자적으로 집중적, 파상적으로 운용하고, '사자'는 남조선 수도권 지역에서 정규군과 배합작전을 한다. '여우'는 평양에 대기하여 남조선과 미군 특수전부대의 강습 침투에 대비 한다.

전략예비대로는, 평방사, 제3군단, 1개 기계화군단, 전략로켓사령부(-)로 운용한다. 지상군 부대가 남진할 경우 최후 선은『모란봉라인』까지 이며, 이선 이전에서 전쟁을 종결한다.

4. 각급 부대의 임무

가. 전략로켓사령부 : 금번 공격에 주력부대로써 배치 지역의 변동 없이 현 진지에서 임무를 수행 한다. 특히 적들의 감시 장비와 선제타격에 노출이 되지 않도록 유무선 통신 제한과 위장 및 엄폐 시설에 각별한 관심을 가진다.

(1) 제1분소 : 무수단과 노동 미사일을 이용하여 도호쿠 지방, 이와테 현 모리오카 시와 미야기 현 센다이 시에 각각 10kt 두발을 투발한다.

(2) 제2분소 : 무수단과 노동 미사일을 이용하여 주부 지방 시즈오카현 시즈오카 시와 아이치 현 나고야 시에 각각 10kt 두발을 투발한다.

(3) 제3분소 : 노동 미사일을 이용하여 EMP 탄 1발을 간토 지방 도쿄 상공에 투사하고, 명에 의거 5kt의 핵 투발을 준비 한다.

(4) 제4분소 : kn-8 대륙간 탄도 미사일을 이용하고 20kt의 미사일을 준비하여 명에 의거 발사 준비를 한다. 아울러 SLBM 두 척 중, 한 척을 일본열도와 하와이의 중간 해역으로 이동시켜 10kt 두발을 일본열도와 미 본토에 발사 준비를 하고 한척은 하와이와 미 본토 중간 해역으로 이동시켜 10kt 두발을 발사 준비를 한다.

(5) 제5분소 : 전략예비로써 중국과 러시아의 방공요격 시스템과 연합해서 자체 요격체제를 갖추고 미국, 일본, 남조선의 선제

미사일 공격에 대비 한다.

(6) 잔여 분소 : 일본열도와 미 본토에 추가 투발을 위한 준비와 남조선 주둔 미군과 일본열도와 조선반도 해역으로 움직이는 미 항공모함과 미 해병대, 일본군 특수부대에 대한 투발 준비를 한다.

나. 특수전부대

(1) '특수전부대 총사령관'이 정찰총국장을 지휘하여 모든 특수목적부대(군단 경보병사단, 해, 공군 특수전부대 포함)를 총괄 지휘 한다. 특히 잘 양성되어 있는 '일본인화 특수전 요원'을 직접 관리하여 각 조 편성에 적절히 배치하고 일본열도 현지 '혁명동지'와의 연결과 임무수행에 차질이 없도록 한다. 사단급 이하 특수전 요원은 군단장 재량으로 전술적 배합에 운용한다.

금번 작전에 투입되는 모든 대원은 조국의 열성과업에 최선봉장이라는 자부심으로 다시 어머니의 땅 북조선으로 돌아가지 않고 일본열도에 몸과 정신을 불사른다는 '사 즉 생(死卽生 : 죽음이 곧 사는 길이다.)'의 각오를 다지기 바란다.

특별히 핵 투발 10분 전에 행동을 개시하여 일본 및 주일미군의 요격 미사일이 선제타격 또는 요격하는 움직임을 사전에 제거한다.

(2) D-5일부터 3차례에 걸쳐 잠수함(정)에 의한 분산 침투를 하고 일부는 상선 또는 예술단 파견 선박 또는 우의적 차원으로 활발히 교류하는 선박을 이용하기 바란다.

(3) 착용하는 복장과 장비는 일본 젊은이들과 똑같이 하고 탄약과 식량은

기본량만 휴대하고 현지에서 조달 한다.

(4) 제1제파(일본열도) : 독수리, 부엉이, 송골매, 딱따구리, 까마귀, 까치, 제비는 일본열도에서 현지 혁명동지와의 연결이 매우 중요하고 일본인화 요원과 영어회화 가능한 전문요원들의 활약이 잘 조화를 이루어야 한다. 휴대하는 화생무기는

임무수행에 결정적일 경우에 한해서 사용해야 하며, '부엉이와 송골매'의 역할(미군과 일본 자위대 담당) 여하에 따라 승패가 결정될 수도 있으니 신중을 기하기 바란다. 유사시(마지막 수단)에는 북 알프스와 남 알프스에 은거지를 구축한다.

특별히 '송골매'와 '부엉이, 까치'에게 구체적으로 임무를 부여 한다.

(가) 송골매 A : 육상자위대

1) A-1 : 북부방면대, 총감부가 위치한 삿포르에 중점을 두고 그 예하부대가 위치한, 아사히카와, 오비히로, 히가시치토세, 마코마니아, 가타치토세, 오카다마, 미나미에니와, 에 각 조원을 운용한다.

2) A-2 : 동북방면대, 이곳은 핵 투발 지역으로써 소규모로 편성하여 니가타현 지역에서 대기하면서 상황 추이에 따라 움직일 준비를 한다. 현지 혁명동지들에게 사전 은밀하게 내통하여 니가타로 옮기도록 한다.

3) A-3 : 동부방면대, 총감부가 위치한 아사카에 중점을 두고 그 예하

부대가 위치한, 네리마, 소마가하라, 마쓰도, 다치가와, 고가, 다케야마에 각 조원을 운용한다.

4) A-4 : 중부방면대, 총감대가 위치한 이타미에 중점을 두고 그 예하 부대가 우치한, 센조, 모리야마, 가이타이치, 젠츠우지, 아오노가하라, 양, 오쿠보, 오쓰에 각 조원을 운용한다.

5) A-5 : 서부방면대, 총감대가 위치한 겐군에 중점을 두고 그 예하부대가 위치한, 후쿠오카, 기타구마모토, 나하, 아이노우리, 유후인, 이즈카, 다카유바루, 오고오리, 아이노우리에 각 조원을 운용한다.

6) A-6 : 정예요원을 전담시켜서 특별관리를 하기 바란다. 중앙즉응집단사령부가 위치한 자마, 제1공정단과 특수작전군의 나라시노, 제1헬기단의 기사라즈, 중앙특수무기방호대의 오미야, 국제활동교육대의 고마카도

7) A-0 : 예비조로써 아사카와 주쿄의 행정지원부대를 담당하고, 명에 의거 타 팀을 지원한다.

(나) 송골매 B : 해상자위대

1) B-1 : 제1 호위함대, 해상훈련지도대군, 잠수함대사령부, 제2 잠수함대군, 소해대군, 정보업무군, 해양업무군, 개발대군 등이 위치한 요코스카에 중점을 둔다.

2) B-2 : 제2 호위함대가 위치한 사세보에 중점을 둔다. 또한 시모노세키

기지, 오키나와 기지대, 쓰시마 방비대까지 관심을 가지도록 한다.

3) B-3 : 제3 호위함대가 위치한 마이즈루에 중점을 둔다. 마이즈루 지방대까지 관심을 가진다.

4) B-4 : 제4 호위함대, 제1 잠수함대가 위치한 구레에 중점을 둔다.

5) B-5 : 제1 항공군이 위치한 가노야에 중점을 둔다.

6) B-6 : 제2 항공군이 위치한 하치노헤에 중점을 둔다. 또한 오미나토 지방대의 하코다테 기지대, 요이치 방비대, 와카나이 기지 분견대까지 관심을 가진다.

7) B-7 : 제4 항공이 위치한 아쓰기에 중점을 둔다. 또한 카시와의 시모후사 교육항공군, 마츠시케쵸의 도쿠시마교육항공대, 시모타의 오즈키 교육항공까지 관심을 둔다.

8) B-8 : 제5 항공군이 위치한 나하에 중점을 둔다.

9) B-9 : 제 21 항공군이 위치한 다테야마에 중점을 둔다.

10) B-10 : 제 22 항공군이 위치한 오무라에 중점을 둔다.

11) B-11 : 제 31 항공군이 위치한 이와쿠니에 중점을 둔다.

12) B-12 : 예비조로써 이치가야의 시스템 신대군, 주죠의 해상자위대 보급본부, 항공보급본부에 관심을 가지고, 명에 의거 타 팀을 지원한다.

(다) 송골매 C : 항공자위대

1) C-1 : 북부 항공방연대를 관할하고, 치토세의 제2 항공단, 제3 방공포병군과, 미사와의 제3 항공단, 제6 방공포병군, 북부 항공경계관제단, 북부 항공시설대에 중점을 둔다.

2) C-2 : 중부 항공방연대를 관할하고, 고마쓰의 제6 항공단, 햐쿠리의 제7 항공단, 이루마의 중부항공 경계 관제단, 제1 방공포병군, 중부 항공 시설대, 제2수송항공대, 비행점검대, 전자개발실험군, 항공의학실험대, 기후의 제4 방공포병군, 비행개발실험단에 중점을 둔다.

3) C-3 : 서부 항공방연대를 관할하고, 뉴타바루의 제5항공단, 쓰이키의 제8항공단, 가스가의 서부항공경계관제단, 제2방공포병군 아시야의 서부항공시설대에 중점을 둔다.

4) C-4 : 남서 항공방연대를 관할하고, 나하의 제83항공대, 남서항공경계관제단, 제5방공포병군, 남서항공시설대에 중점을 둔다.

5) C-5 : 항공지원집단을 관할하고, 고마키의 제1수송항공대, 항공기동위상대, 항공기동위상대, 미호의 제3수송항공대, 후츄의 항공보안관제군, 항공기상군, 전자개발실험군, 치토세의 특별항공수송대에 중점을 둔다.

6) C-6 : 항공교육집단을 관할하고, 하마마쓰의 제1항공단, 마쓰시마의 제4항공단, 시즈하마의 제11비행교육단, 호후기타의 제12 비행교육단, 야시야의 제13비행교육단, 호후미나미와 마가의

항공교육대, 뉴타바루의 비행교육항공대에 중점을 둔다.

7) C-7 : 예비조로써 다치카와의 항공의학실험대, 항공안전관리대에 관심을 가지고, 명에 의거 타 팀을 지원한다.

(라) 부엉이 A : 주일 미군

1) A-1 : 미사와의 제432 전투항공단, 제1초계항공단, 해군항공시설대, 샤리키의 사드(X-밴드)를 관할한다.

2) A-2 : 도쿄도 훗사, 요코타의, 요코타 비행장, 주일 미군사령부, 제5공군사령부, 374공수항공단을 관할한다.

3) A-3 : 요코스카의 주일 미 해군사령부, 제7 잠수함군사령부, 요코스카함대 기지대를 관할한다.

4) A-4 : 자마의 주일 미 육군사령부. 제9군단, 제17지역지원군을 관할한다.

5) A-5 : 아쓰기의 제7함대 초계 · 정찰부대사령부, 일본항공초계군, 해군 항공시설대를 관할한다. 특별히 훈련된 팀을 구성한다.

6) A-6 : 요코하마의 군사해상수송 코만도 극동지부

7) A-7 : 세야의 서태평양함대 항공부대사령부, 아쓰기 해군항공 시설대를 관할한다.

8) A-8 : 이와쿠니의 제1해병 항공단 휘하 제12해병 항공군, 해병대 기지사령부 휘하 해병 항공기지대를 관할한다. 이 기지는 조선반도 전략적 절단에 동원되는 해병부대의 수송 및 호위, 작전지역

폭격 등을 수행하는 곳으로써 강력한 특수전 요원의 편성이 요구된다. 특별히 폭파에 전문성이 요구되고, 관제탑 무력화에 초점을 맞출 것이며 새벽 3시 부대 복귀를 서두르는 주요간부 사살에 중점을 둘 것.

9) A-9 : 사세보의 함대 기지대

10) A-10 : 오키나와에는 미 정예 해병 제3사단의 기지가 넓게 분포되어 있기 때문에 별도의 정예 특수전요원을 편성 한다.

가) 이 부대는 지난 남조선인민해방전쟁(한국전쟁) 당시에 '인천상륙작전'과 같이 전략적 절단에 동원되는 부대로써 조선반도에 발을 딛지 못하게 하는 것이 최우선 과제이다.

나) 따라서 항만과 함정, 잠수정을 파괴하고, 공항과 관제탑, 항공 전투기, 수송기, 헬기를 폭파하여 움직일 수 있는 근본 수단을 제거한다.

다) 지휘통제센터를 무력화 시켜야 하는데, 일부는 센터로 일부는 새벽 3시에 무방비 상태로 부대 복귀하는 주요 간부들을 모조리 사살하여 전열을 갖추지 못하도록 한다. 동시에 그 가족들을 신속하게 한 곳으로 집결 시켜야만 한다.

라) 제압에 제한이 따르면 '핵 투발'을 요청할 수 있으며, 휴대 중인 화생무기를 사용할 수도 있다.

11) A-11 : 예비로써 일본열도 근해에 움직이는 항공모함 전단(칼빈슨, 니미츠, 레이건, 루즈벨트 등)에 관심을 두고 조선반도로의 선회 움직임이 포착되면 '핵 투발' 요청을 할 수 있다.

타 조의 움직임과 부가적인 임무부여에 대비할 것.

(마) 까치

1) 02시 50분에 임무를 개시한다.
2) 일본열도 내에 광범위하게 배치되어 있는 미사일과 레이더에 대해 조직적이고 정확하게 임무를 수행하기 위해 우리 '혁명 동지'들의 도움을 받을 것.
3) 일본의 교가미사키, 샤리키, 사세보,기리시마, 묘코, 마이즈루, 하치노, 쵸카이에 관심을 둘 것. 주일미군의 요코타, 요코스카, 사세보, 오키나와에 관심을 둘 것.

(5) 제2제파(국내대기) : 호랑이, 사자, 여우 국내 대기하다가 명에 의거 지상군 남진 시에 배합작전에 가담하고, 수도권 작전 시에는 요인 암살 및 납치 임무를 수행 한다. 남진 시에 침투 방법은 주로 이미 구축되어 있는 지하 갱도를 이용하고 상황이 순조로울 경우 AN-2기를 이용한다. 평양에 대기하는 제파는 남조선과 미군 특수전부대의 공중 강습침투에 대비 한다. 유사시에는 한라산, 지리산, 태백산, 소백산, 팔공산, 금정산, 무등산, 대둔산, 계룡산에 은거지를 구축한다.

(6) 특수전부대 수행 임무 중 최우선은 첫째, 도쿄의 일본 왕과 수상, 전쟁지도본부요원, 미군 사령관과 전쟁 지도부 요원을 체포 감금 하여 24시간 이내 항복 선언을 받아 내는 것이다. 둘째, 일본 군 자위대와 미군의 움직임을 묶어 두는 것으로 항공기 1대, 함정 1척도 이륙과

출항을 못하게 하는 것이다. 셋째, 미군과 그 가족을 일본군이나 당국으로부터 고립시켜 집중관리 함으로써 전세를 유리한 방향으로 진행시키는데 적극 활용하도록 하는 것이다. 넷째, 도쿄 신주쿠 호텔에 대기 중인 예술단원을 도야마 항구로 안전하게 이동시켜 대기 중인 선박에 탑승시키는 일이다. 다섯째, 상황이 순조롭게 진행 될 경우 사전에 조직, 편성된 현지 열성 동지들로 하여금 주요 직위에 보직시켜 정국 안정화를 도모한다. 특히 정국 안정화를 위해 파견되는 제3군단 3만여 명을 신중하게 안내하여 조기에 평정이 이루어지도록 한다. 여섯째, 각 언론기관을 통해 사전에 준비된 선전 선동 메시지를 이용하여 일본인들의 동요와 국외 이탈을 방지한다.

다. 지상군부대 : 제4, 제2, 제5, 제1 군단은 현 위치에서 계속 대기 하다가 명에 의거 사전에 하달된 공격명령을 수행할 준비를 한다. 간략한 주 임무와 공격 진출 제한선은 다음과 같고 상세 명령은 공격명령서를 참조한다.

(1) 제2군단은 주공으로써 서울 심장부 점령한다.

(2) 제5군단은 좌조공으로써 서울 동측으로 우회, 퇴로차단한다.

(3) 제4군단은 우조공으로써 서해5도 점령, 서울 여의도와 관악산을 점령한다.

(4) 제1군단은 좌 조(助) 조공으로써 대관령과 삼척까지 진격한다.

(5) 주력부대의 남진 최후선은 '모란봉 라인(삼척~태백산~소백산~죽령~조령~천안~서산)까지로 하고 그 이남은 특수전 잔류요원이 장악한다.

라. 해군 : 조 · 중, 조 · 러 동계 연합훈련의 일환으로 서해 함대사는 중국의 대련과 청도 항으로, 동해 함대사는 러시아 블라디보스토크 항으로 이동하고, 기존 항구에는 기뢰를 부설한다. 연합훈련에는 나진급을 포함한 대청급 이상으로 한다. 잠수함정과 잠수정은 특수전부대 일본열도 수송작전에 동원되고 추후 철수작전에도 동원 된다.

마. 공군 : 조 · 중, 조 · 러 동계 연합훈련의 일환으로 서해지역 공군은 중국의 청도와 대련 공항으로, 동해지역 공군은 러시아 블라디보스토크 공한으로 이동하고, 연합훈련에는 MIG-19급과 SU-25급 이상만 참가 한다. MIG-15급은 남조선과 미군 특수전부대원들의 강습침투에 대비하기 위한 공습에 가담한다.

바. 국경경비사

(1) 인민들의 국경선 이탈을 통제하고 위반시 현지 사살을 한다.

(2) 부족 병력은 후비대로 충원 하고, 중국 동북3성지역과 러시아 블라디보스토크 지역에서 자생한 남조선 우호진영들이 상공인(商工人)으로 또는 무장을 하여 북조선에 침투, 공격하는 행위를 차단한다.

(3) 후비대 : D일, 교도대 노농적위대, 붉은청년근위대를 즉각 소집해서 교도대와 노농적위대 일부는 각 군단에 배속시키고, 노농적위대와 붉은청년근위대 일부는 주요시설 방호 및 국경수비대 임무를 수행한다.

5. 행정 및 군수

가. 우리가 보유하고 있는 6개월 치 전쟁비축물자(식량, 유류, 탄약, 수리부속 등)는 최대한 사용을 억제하고 일본열도 현지에서 주로 조달 한다. 남조선으로 남침 시에도 마찬가지로 남조선 현지에서 주로 조달 한다.

나. 동계작전 임을 감안해서 장비는 최대한 경량화 하고 보온에 각별한 관심을 두어 기능 발휘에 지장이 없도록 한다.

다. 일본열도 정부 양곡창고의 미곡과 대형 물류센터 내에 완제품, 생활 용품, 비료, 시멘트, 공사자재, 각종기기 등은 전량 수거하여 현지에서 동원한 차량으로 '아키타, 니이가타, 도야마, 돗토리, 마쓰에, 후쿠오카 항구로 수송하여 북송한다. 단, 일본인들의 개인 재산에 대해서는 일체 촉수를 금한다.

라. 작전 수행 간, 일본 부녀자에 대한 희롱이나 추행 개인적으로 물자 및 금품을 약탈할 때에는 현지 지휘관 권한으로 현지 처형까지 할 수 있다.

마. 부상자나 환자가 발생할 경우에 최대한 같은 조의 의무요원의 도움을 받고, 웬만하면 공격작전 종료까지 안정을 취하도록 한다. 부득이할 경우에는 현지 동지의 도움을 받아 현지 병원을 이용한다.

바. 특수전 요원들의 추가 탄약과 식량, 수송 수단은 반드시 현지 동지들이 사전 확보 해둔 것을 사용하고 현지 지도를 받아 시행한다.

사. 작전 수행은 짧고 전광석화 같이 수행하여 단숨에 종결시켜야 한다. 포로나 인질은 가급적 최고 수뇌부 1-2인 정도에 그쳐야만 한다. 반격이나

역공격의 시도가 있을 경우에는 전원 사살작전으로 종결지어야 한다. 대부대의 움직임이 감지되면 '핵 투발'을 유도해서 섬멸한다.

아. 일본군 자위대, 해안 경비대, 경찰은 일단 무장해제 후에 귀가 조치시키고, 전쟁 종료 후에 재소집해서 별도로 임무를 부여한다는 약속을 한다. 단 최소의 경찰은 잔류시켜서 치안유지에 가담하도록 한다.

자. 공항과 항구를 폐쇄한 관계로 당분간 일본인의 해외 이탈은 중지시킨다. 단 외국인에 대해서는 신분 확인 후에 입출국을 허락한다.

차. 각종 방송과 신문, 인터넷, SNS 등은 기본적으로 폐쇄하고 신분 확ls을 거쳐 극히 소수만 활동을 하게 한다.

카. 금융기관 및 민생 관련 기관 단체는 역시 신분과 성격을 확인 후에 작동을 하게 한다.

6. 지휘 및 통신

가. 전쟁지도본부의 위치는 최초 평양으로 하고, 전쟁경과에 따라 위치를 변경한다.(실제는 D일 곧 바로 창춘으로 이동, 일본 내에 전쟁 상황이 절대적으로 유리할 시에 평양으로 복귀한다.

나. 일본열도에 활동 중인 특수전부대원들에 대한 총괄 지휘 센터는 동해(東海)상에 떠 있는 함정에서 한다.

총괄 지휘는 정찰총국장이 하다가 공격명령이 하달 된 후에 곧바로 이동하여 도쿄로 진입한다.

다. 전방 지휘관들은 전투부대에 근접 및 선두지휘 하는 것을 원칙으로 한다.

라. 통신은 유, 무선 감청 방지를 위해서 전령에 의한 연락을 주로 한다. 공격작전이 시작 된 이후에는 가용한 모든 수단을 적극적 운용한다.

마. 공격 개시와 동시에 투사한 도쿄 상공의 EMP 탄은 제대로 효과를 발휘하여 일본 전역에 소통이 불가능해 졌고 일본과 미군의 전쟁지도본부의 기능이 마비되고 있다.

따라서 특수전 요원들은 4km 이내 교신 가능한 무전기를 조/팀 단위로 휴대하고 소통하도록 한다.

바. 일본 현지 언론(방송, 신문, 인터넷 매체 등)은 현지 혁명동지(전, 현직 언론 동지)들의 지원을 받아 장악 하고 보도는 사전 준비된 자료를 활용한다. 또한 다수의 유명 연예계 종사자들을 포섭하여 심리전 요원으로 활용한다.

특별히 일본열도 전체가 공황 상태에 빠져 있다는 점을 고려해서, 일본 내 신임이 두터운 명망가들을 대거 초빙해서 정국 안정화를 위한 대담 또는 시국선언 등을 통해 국가 이미지 제고를 위한 활동을 주로 방송한다.

사. 일본열도 내 주재 중인 외국 언론 관계자를 초빙해서 그들의 신변과 활동을 보장하고, 금번 작전은 그릇된 정체성(역사관, 민족의식)을 가진 국가 지도자 부류에 대한 소탕이 주목적이고 대다수 국민에게는 모든 것이 전과 동일하다는 것을 알리도록 한다..

아. 주 UN대사를 비롯한 각국 주재 공관에서는 금번 전쟁의 불가피성을 널리 알리고 기존에 일본과의 국교관계는 정상적으로 유지된다는 것을 홍보하도록 한다.

전쟁 경과

『승리는 승리를 믿는 자에게 돌아온다.』 고 하였다.

선친이 1993년 4월 9일 국방위원장으로 추대된 이후, 단 한 번도 패배라는 어휘를 언급한 적이 없었듯이, 나 역시 오직 승리만을 생각하고 있다.

미국이 이라크 및 아프카니스탄 전에서, 현대화된 고도정밀무기를 총 동원하여 네트워크 중심전(NCW : Network Centric Warfare), 효과중심전(EBO : Effects Based Operations), 비선형전(Non-Liner Warfare)으로 위력을 과시 했지만, 그것은 그 쪽 사정일 뿐, 조선반도에 상황은 그렇게 녹록치 않다. 지세가 전반적으로 구릉지와 화강암층이 대부분이고, 전역의 폭과 종심이 협소하고 짧기 때문에 『미국식 현대화 작전』을 수행하기에는 적합하지 못하다는 것이 나에 분석이다. 따라서 우리가 비중을 두고 있는 『저강도 전쟁』 즉, 비정규전부대에 의한 배합전과 침투작전, 동시 다발적인 교란작전, 이로 말미암은 『전국토를 동시에 전장화』 하는 나에 고도의 게릴라 전술과 현대전의 메커니즘을 접목시킨 '공세적인 사이버전'과'기습 핵공격'이 '일본열도 공격'과'조선반도 전쟁'이 발발하게 된다면, 바로 전쟁을 승리로 결정짓는데 핵심이라고 본 것이다.

따라서 금번 결심한 **'일본열도 핵공격'**은 고도의 심리전과 평화 공존 전술을 선행한 **'기습 핵공격'**으로써, 이에 잘 숙달된 우리 특수전부대 동지들의 신비에 가까운 침투기술과 1949년부터 차근차근 꿈을 실현시켜

온 일본열도 현지 혁명동지들의 치밀한 조직력이 결합되고 배합되어, 인류 전쟁 역사에서 유래를 찾아보기 힘든 전무후무할 '융 복합(融 複合) 대 기습작전'이 펼쳐지는 것이다.

미국과 일본이 동맹을 맺고 있고, 상호 방위협력체계가 잘되어 있으며, 평소 수회에 걸쳐 연합훈련까지 한 것으로 알고 있으나, 전쟁이란, 이론과 실제가 다른 법이라 불어 닥치는 전쟁감응을 소화하지 못하면 모두 자기 잇속만 챙기게 되어 있다. 말하자면, 국가는 현실적인 국가이익인 자국민의 안전을 최우선으로 앞세우고, 개인은 명예며 직위이며 모두 내동댕이치고 자기와 가족의 생명과 재산 보호에만 열중하게 되어 있다.

우리는 바로 이점을 노린 것이다. 태풍과 지진 그리고 해일과 미 대륙의 토네이도가 함께, 휘몰아치듯 눈 깜짝할 사이에 지나 가버리면 모두 공황상태에 빠져버려 전의를 잃고 실신해서 그냥 털썩 주저앉아버리게 된다.

이것을 '**전광석화 작전 : 電光石火 作戰**'이라고 한다.

D일(1월 02일 03:00시), 일본열도 전 국토는 전쟁의 소용돌이에 휘말리게 된다. 아주 빠르게 비호같이, 전쟁지도체계를 교란시키는 것이다. 누가, 언제, 어디에서, 무슨 일이, 어떻게, 왜? 벌어졌는지를, 전혀 감 잡을 수 없게, 전 열도 곳곳에서 긴급 상황이 전개 되고 있다.

특히, 일본 왕실, 정부, 방위성, 통합막료회의, 미군의 주요직위자들이 긴급 상황보고를 접수하고, 무방비 상태로 새벽길을 재촉하다가 대부분 사살되는 참상이 전개됨으로써, 전쟁지도본부(일본 수상이 포함되는 전쟁지휘기구)를 구성할 수 없어, '국가위기관리 시스템'의 작동이 지연되고, 일본군통수권자와, 방위성대신, 통합막료장이 각기 다른 장소에서 전쟁을 지도하는 대혼란이 진행되고 있다. 신정, 민족 대 명절 가운데 날 밤의 단 꿈을 송두리째 앗은 공격은, 일본열도 전 지역에서 순조롭게 진행되고 있었다.

정찰총국장은 앞으로의 전쟁 상황을 보다 효과적으로 진행시키기 위해서 사전에 체포 감금 중인 일본 왕과 수상, 방위성대신, 통합막료장, 주일 미군사령관을 편의상 **'일본 왕실'** 한 곳으로 집결시켰다. 간토지방 일대와 도쿄 시내는 암흑천지로 변했고 모든 기능이 마비된 상태에서 일본인들은 지진인지, 자체 대형 폭발사고인지, 어리둥절하면서 거주지를 떨쳐 나와 보았지만 도무지 어디에서 정보를 획득할 길이 묘연했다. 모두 무작정 짐을 싸들고 자가용으로 도쿄 시내를 이탈하려고 나섰으나 이미 모든 도로는 막히고 교통대란이 벌어지지만 누구하나 나와서 해결하는 사람이 없었다. 방송도 중단되어 있고, 핸드폰도 먹통이고, 길 위에서 어디 돌아갈 수 도 없는 상태, 그야말로 진퇴유곡(進退維谷)의 지경에서 차량에 연료는 서서히 바닥을 들어내고 있다. 일본군 자위대, 해상경비대, 경찰, 미군 주둔지를 선점하고 있는 특수전 요원들은 긴급 상황 전파를 접수하고 들어오는 주요 영외 거주 간부들을 대부분 사살하였다. 칠 흙 같은 어두운 밤에 이루어지는 일이라 모두 영문도 모른 체 목숨을 잃고 각 부대는 우왕좌왕 갈피를 못 잡고 있는 실정이다. 긴급 상황 보고를 하지만 유무선 소통이 되지 않아 모두 날이 밝기만 기다리는 속수무책의 상황 속에서 특수전 요원들은 주요 지휘통제시설,

탄약고, 유류고, 비행장 활주로, 항만 부두, 미사일 및 레이더기지 등을 폭파하기 시작했고 특히, 주일 미군 주둔지를 급습해서 미군과 그 가족들을 고립시켜 감금을 하기 시작 했다.

일단, 1단계 주요 핵심 직위 및 시설 등에 대한 확보와 통제는 끝이 난 상태이다.

'도호쿠 지방과 주부 지방에 떨어진 핵폭탄'은 가히 경천동지(驚天動地)할 위력이다. 민족 대 명절 새벽에 벌어진 날벼락은 어디에서무엇을 손을 보아야 하는지 '매뉴얼과 시스템의 공화국 일본'이지만 이건 커도 너무나 엄청난 현실이 눈앞에 닥친 것이라 지방정부 차원에서 무엇을 어떻게 해야 할지 엄두가 나지 않는 일이다. 더욱이 중앙정부와 통신이 두절된 상태이고, 일부 지방정부 기능 자체가 날아간 상태인지라 아비규환(阿鼻叫喚)의 지옥을 탈출할 방도가 없게 되었다. 일부 인접한 지역의 매스컴들이 동원되었으나 핵 투발에 이은 오염과 낙진의 위험으로 접근 자체가 불가능한 상태라 상황 파악이 되지 않고 있다.

우리 특수전 부대원들이 현장 사진과 상황을 타전해서 외국 언론에 공개하는 것이 유일한 정보 소통이다. 우선 긴급 부상자 후송이나 구호가 급한 상황이라며, UN과 국제사회에 타전(打電)을 했지만 감감 무소식이고 다만 뒤늦게 UN안보리 상임이사회가 긴급소집 되었지만 의제 자체가 준비가 되지 않았다. 보다 못한 우리 측 UN대사가 급히 나서서 상황보고와 해결 방안을 제시 했다. 즉 일본의 즉각 항복 선언과 북조선 주도하에 정국수습이 이루어지면 사태 수습이 원활할 것이라고 제안을 했다. 그러나 UN은 무조건 북조선의 철수를 강요하고 있다.

우리 대사는 절대 철수하는 일은 없을 것이며, 만약 UN차원의 군사력 움직임과 일본과 주일 미군 남조선과 주둔 미군의 군사력 움직임이 간파되면 곧바로 핵으로 응징할 준비가 되어 있다는 것을 강조했다. 여기에 미 본토도 예외가 될 수 없다고 했다. 시간이 많지 않다. 앞으로 24시간 내에 '항복 선언'을 하면 더 이상 공격은 없을 것이며 정상화에 나설 것이라고 했다. UN은 잠시 시간을 달라고 했으며, 한 편 일본 왕실에서는 긴급회의가 진행되고 있었다. 이 광경은 외국 언론들이 중심이 되어 조명하도록 하고 일본 국내 언론은 곁가지로 참가시켰다.

먼저 통합막료장이 나서서 이번 참변은 국제법 위반과 인권유린의 대표적인 사례로써 용납할 수 없다면서 일본군 자위대와 주일 미군은 재정비 중이며, 미 · 일 동맹관계에 의한 방위협력대강에 의거해서 곧바로 전열이 재정비 될 것이고, 일본 국민 역시 많은 상처를 입었지만 결코 낙담하지 않고 다시 일어서서 재건과 안정을 위해 나설 준비가 되어 있다며 힘주어 말 했다. 따라서 북조선은 즉각 일본열도를 떠나라고 했다.

우리 측 대표자격으로 임명된 정찰총국장은 냉정하고 엄숙한 어조로 답변을 했다. 먼저 각종 현장 사진을 공개 했다. 자위대를 비롯한 각 지역에 사살된 모습, 폭파된 모습, 도쿄 시의 교통대란, 핵 투발 지역의 비참한 광경, 공항과 항만의 파괴와 묶여 있는 항공기, 전투기, 함정 등 그리고 일본 전역이 통신 소통이 되지 않고, 대중교통까지 단절되어 있는 모습을 공개하면서, 만약 일본군과 주일 미군의 움직임이 포착되면 이제는 도쿄 인근 인구 밀집지역에 핵 투발이 될 것이라는 것을 엄중하게 경고 했다. 이 모든 것은 TV, 라디오, 인터넷으로 국내, 외로 생방송되고 있음도 확인시켜 주었다.

24시간 내에 '항복 선언'과 일본군, 주일미군, 해안 경비대, 경찰, 모두 무장을 해제하고 일단 각 주둔지 단위로 한 곳으로 집결하여 대기하라는 명령을 내릴 것을 강한 어조로 독촉하였다. 이어서 주일 미군사령관에게도 전쟁 상황을 설명하였다. 특히 우리의 SLBM이 미 본토에 근접해 있으며, 미 군사력의 일부분이라도 우리에게 불리하도록 움직이는 것이 포착되면, 경고 없이 '핵 투발을 단행 할 것이라는 것을 본국에 알리라고 하였다. 지금 우리의 결의는 내일을 약속하지 않는 '벼랑 끝 전술'을 단행하도록 모든 전투단위에 명령이 내려져 있으므로 일본군과 미군의 행동에 각별한 절제를 하도록 주의를 주라고 하였다. 일본 통합막료의장과 미군사령관은 잠시 시간을 달라고 했다. 이 사이에 UN 사무총장과 미 대통령, 일본 수상의 화상 통화가 외국언론 중계로 열리게 되었다. 여기에서 **'일본 수상은 울부짖듯 외쳤다. Please. please give me a hand. Action of what I can do. The buck stops with me.(제발 좀 도와주세요. 내가 할 수 있는 것은 무엇이라도 하겠습니다. 모든 책임은 내가 지겠습니다.)**'

미국 대통령은 공감은 하면서도 사실은 '내 코가 석자였다.' 주일 미군과 그 가족에 대한 안정과 무사함이 급선무였다. 그러나 대범했다. 모든 군사력을 총동원해서 격퇴시키고 일본열도의 안정화에 기여하겠다고 약속했다. UN 사무총장도 여기에 동의 했다. 그러나 잠시 후 양국 실무적 차원의 대화에서는 완전히 딴 판이었다. 이미 모든 사태는 기울어져

버렸다는 결론에 이렀다. 잘 못 행동했다가는 더 큰 혹을 붙일 판국에 있다는 것이다.

14:00경 다시 일본 왕실에서는 긴장의 순간이 닥치고 있었다. 이번에는 또 다시 일본 통합막료장이 나섰다. 일본의 '항복 선언'은 있을 수 없고 시간을 가지고 해결책을 모색하자. 우선 급한 것은 일본 도호쿠(동북부)와 주부(중부)지방에 핵 투발로 인한 인명구조와 피해 주민에 대한 구호와 사후 처리가 시급하다는 얘기를 힘주어 말 했다. 아울러 간토(관동)지방 일대와 도쿄 일원의 도시 기반이 무너져 있기 때문에 응급복구가 선행되어야 한다고 했다. 이 때 북조선 정찰총국장은 대로(大怒)하면서 명색이 일본의 최고 군부 수장이 사태 파악을 못하고 있다면서 일본 통합막료장을 '**일어나 이쪽으로 나오라고 했다.' 사람들이 없는 쪽으로 세우드니 곧 바로 차고 있든 권총을 발사해 현장에서 사살했다.** 이 광경이 일본 국내는 물론이고 전 세계로 긴급 생방송되었다. 현장 분위기는 완전히 초토화 되어 버렸고 잠시 적막 상태에서 숨소리도 들리지 않았다. 아주 신속하게 시신을 수습하고 난 후에 이어서 주일 미군사령관만 제외 하고, 일본 왕과 수상, 방위성대신을 단상으로 불러 세웠다. 각종 매스컴은 돌아가고 있고, 그 누구도 만류나 보태는 말을 할 수가 없었으며 북조선 특수부대 요원들의 핏빛어린 눈초리로만 삼엄하게 돌아가고 있었다.

정찰총국장은 큰 소리로 모두 '무릎 꿇어' 라고 고함질렀다. 통역이 이를 받아서 말했다. 통역의 목소리가 작자, 더 크게 소리 질러라고 했다. 다시 통역이 큰 소리를 재 명령을 하자 주저함이 없이 **모두 일제히 무릎을**

끓었다. '일본 역사 최대 치욕의 날'이 전 세계로 생방송 되고 있는 것이다. 이를 바라보는 일본 국민들은 모두 대성통곡을 하고 있었다. 그러나 어쩔 수 없는 현실 앞에 모두 고개만 떨어뜨리고 멍하니 바라만 보고 있을 수밖에 없다. 어디서부터 무엇이 잘못된 것인지 회한의 빛이 역력하지만 도대체 알 길이 없다.

정찰총국장은 마이크를 세 사람에게 나누어 주었다. 일본 왕에게는 '항복 선언'을 하게 하고, 수상에게는 일본군과 해상경비대, 경찰에게 무장해제를 시키고 자위대군만 무장해제 후에 주둔지 별로 집결하도록 하였다. 미군사령관에게는 미군과 그 가족들에게 무장 해제와 기지 특정한 곳에 집결 할 것을 명령하게 했다. 잠시 머뭇하다가 일본 왕부터 성명을 발표하기 시작 했다. 모두 울음 섞인 음성으로 일본 국민에게 사죄부터하고, 역사의 죄인이 되겠으며 모두 본인들의 책임임을 통감한다면서 엎드려 절하고 마이크를 놓았다. 이어 **북조선정찰총국장은 일본 왕과 수상 면전에 서류 한 장을 내밀었다. 바로 '일본국 정권이양서'였다.** 아무 소리 못하고 두 사람은 연대 서명을 함으로써, 공격이 개시되고 불과 13시간 만인 16시에 모든 상황이 종료되었다.

이어서 북조선 김정은의 성명이 발표되었다.

금번 공격작전은 일본을 공산주의화 하자는 것이 아니며, 북조선과 일본이 함께 나아가자는 의미의 **'동지국가'**로써의 인연을 맺어보고자 함이었다고 밝히면서 앞으로 약 1년여 동안 '일본국 내에 군정사령부를 설치'하여 지금까지의 일본과 큰 차이 없이 정국을 이끌어 나가겠다고 발표 했다. 아울러 군정사령관에 정찰총국장을 임명하고 그에 의해서 정부 내각을 구성하여 우선 핵 투발 지역에 대한 낙진과 방사능 오염 물질 제거, 희생자 수습, 도시 재건사업에 주력할 것이며, 그 외에 다른 지역에 대한 전후 복구사업도 차질 없이 해 나가겠다고 했다. 이를 위해 금일 18시부로 북조선군 제3군단에 노농적위대로 보강한 3만 여명을 일본으로 급히 파견하여 전후 처리에 종사하도록 하겠다고 하였다. 이렇게 되면 북조선군은 모두 13만 여명으로써 이들이 주축이 되어서 일본 전체 안정화를 위한 작업이 진행 될 것이다.

아울러 약 보름(15일) 정도의 시간을 줄 것이니 그 선박이 돌아오는 편에 **일본 내 극우세력 전원을 발본색원해서 그들의 가족과 함께 재산 처분까지 해서 북조선으로 완전히 이주가 되도록 절차를 밟으라고 지시했다.**

이미 과거에 '일본인 북송사업'을 진행해 본 경험이 있기 때문에 북조선 입장에서는 전혀 생소하다든지 어려운 사업이 아닐 것으로 보고 있다.

UN도 미국도 너무나 전광석화 같이 지나가버리는 전쟁 상황에 어안이 벙벙하면서도 일체 손을 써보지도 못하고 동맹국을 잃어버렸다는 상실감과 함께 기존의 국제경찰로써의 이미지에 큰 타격을 입어서, 향후 국제질서 유지에 많은 고민을 하게 만든 특이하고 괴이한 전쟁 경험을 하게 되었다며, 술회하고 있다.

중국과 러시아도 북조선의 '기습 핵공격'의 성공 여부에 대해 긴가민가 하며 그 추이를 바라보는 순간, 삽시간에 전쟁이 종료되는 모습에 가히 전율을 느끼면서 진즉 훈수라도 좀 둘 것을 하며 후회를 하는 모습이다.

이즈음 미국은 UN 주재 북한 대사로부터 정세 안정화를 위한 긴급 제안을 받았다. 북조선과 정식 수교를 하고 북조선에 미군이 주둔해도 좋다는 제안이었다. 애당초 전쟁이 일어나기 전, 북조선 김정은으로부터 '신의 두수'라며 긴급 제안이 들어왔을 때 받아드렸으면, 아무런 일 없이 정세가 돌아갔을 것을 하며 뒤늦은 후회를 하게 만들었다. 그러나 북조선의 제안이 별로 나쁜 제안은 아니기에 긍정적인 반응을 보내고, 구체적인 협의는 극비 보안유지를 하면서 추진하자고 했다.

다만, 걸림돌은 중국과 러시아가 되겠으나 일단 이쪽은 북조선이 알아서 처리하기로 하였다. 내심, 북조선은 일차적으로 정상적인 국교를 성립시킨 후에, 미군 주둔 문제는 역시나 북조선답게 전광석화 같이 기습적으로 발표하기로 결심하고 있었다.

문제는 남조선에 주둔하고 있는 미군 문제였는데 이는 미국이 알아서 처리하기로 하였다. 즉 미국은 남조선 주둔 미군을 반반 나누어서 남과 북에 주둔시키기로 결심 하였다.

이로써 북조선과 미국은 정상회담을 성사시켰고, 국교를 정상화 시켰다. 이어서 북조선은 김정은의 긴급성명을 통해 북한 남포 지역에 미군 주둔을 승인 하였다고 발표를 해버렸다.

중국과 러시아는 가만히 앉아서 당하고 만 꼴이 되었지만 워낙 돌출적인 행동을 해버리는 북조선에 대해 이러지도 저러지도 못한 체 그냥 바라만 보고 양국의 우호관계는 변함이 없다는 의례적인 발표만 하였다.

미국은 북조선과 한국을 자유롭게 왕래 하면서 바둑으로 치면 '꽃놀이 패'를 두면서 즐기고 있고, 북조선은 일본을 국제사회에 새롭게 등장시키기 위해서 과감한 개혁을 추진하기 시작했다. 일차적으로 일본의 국가명과 국기(國旗), 국가(國歌)를 바꾸는 작업을 시도하였다.

국가명은, 영어로 Democratic People's Republic of Japan in Korea

약칭으로 **DPRJK**으로 하고 ,북조선어로는, 조선민주주의 일본 인민공화국, 약칭으로는, **조선일본**으로 하기로 하였다.

국가(國歌)는, 기존 일본의 키미가요는 완전히 버리고 새로운 국가를 북조선에서 만들어 보내기로 하였다.

국기(國旗)는, 일장기(日章旗)와 욱일기(旭日旗)는 완전히 폐기 하고

역시 북조선에서 만들어 보내기로 하였다.

이차적으로 역사교육 문제를 전면 쇄신하기로 하였다.

일본군 위안부 문제, 강제징용 문제, 명성황후 시해 문제, 조일늑약문제, 관동 대지진과 조선인 학살사건 문제 등을 즉시 바로잡아 학교 교육교재부터 수정해 나가기로 하였다. 영토문제는 실제역사 그대로 바로잡아서 독도(獨島)를 다케시마로 된 것을 전면 정리하여 남조선 영토로 환원하도록 하고, 센카쿠 열도와 북방 4개 도서 문제를 해결하기 위해 중국과 러시아와 긴밀한 외교를 하기로 하였다. 아울러 동해(東海)를 일본해로 된 모든 기록을 새롭게 정리하도록 하였다.

이로서 **『일본열도 핵전쟁』** 은 끝나게 되고, 김정은 위원장의 대 인민 담화문 발표를 함으로써 일본열도에는, 북조선의 **『동지 화 정부』** 수립과 전후복구사업, 전반적인 사회시스템 개혁이 시작 되었고, 이 와중에 있을 수도 있는 소요와 혼란에 대비하여 북조선 군대가 역할을

담당하도록 하였다. 북에서는, 전승(戰勝)기념 행사가 대대적으로 거행되고 있었으며 이 자리에서 모든 인민군들에게 1계급 특진과 포상을 하였으며, 특별히 전략로켓사령부소속 군인들과 일본 현지에 대기 중인 특수전부대원들에게는 2계급 특진과 함께 '조국영웅 칭호'를 부여하고 그 가족들 모두에게 평양으로 이주 및 생계유지 보장을 하도록 하였다. 그러나 열광하는 군중을 바라보는 김정은의 치닫는 야망 속에는, **'머지않아 남조선까지 수중에 넣을 구상 - 그냥 스스로 굴러들어 올 것이다'**라고 생각하며 만면에 미소를 머금고 있었다. 아울러 특수전부대 총사령관으로써 혁혁한 공을 세운 형 김정철은 외국대사로 내 보내어 권력 중심에서 잠시 비켜나 있도록 할 생각을 하고 있었다.

그는 이번 전쟁을 통해서 국가경영과 군부통치에 관한 선 굵은 철학을 형성했을 뿐만 아니라 국제사회에도 나이에 걸 맞는 통 큰 지도자로써 군림 하게 되어, 이미 미국과 정상회담을 한 마당에 지금까지 만나지 못했든 중국과 러시아 지도자들을 마나지 못할 이유가 없다는 자신감에 차 있었다.

전쟁 교훈

여기 교훈은 북조선 전쟁 천재들이 바라본 역지사지(易地思之)의 글이다. **북조선의 승리 원인은,** 평소 갈고 닦은 평범한 전쟁준칙으로부터 비롯된다. ① 평화공존전술을 병행한 ② 완벽한 보안 유지와 이로 인한 ③ '기습 핵공격'의 달성 ④ 전진속도를 유지한 속도전 ⑤ 공세적인 사이버전 ⑥ 특수전부대와 1955년 5월 이후부터 은밀하게 양성시켜 둔 일본열도 내 우리의 혁명역량 동지들과의 유기적인 호응, 이로 인한 일본과 주일 미군 전쟁지도부의 국외 이탈 차단 및 조기 신변 확보 ⑦ 전략로켓사령부 요원과 비정규전 부대들 간의 배합전 ⑧ 전쟁 유경험 장령들과 신진 장령들과의 소통으로 사고의 기동성(思考의 機動性) 달성 ⑨ 민사심리전 작전과 일본 현지인, 유생역량(군인, 경찰)에 대한 국제법적 예우 특히, 미군과 그 가족들에 대한 인도적인 예우 ⑩ 효과적인 지역 평정사업으로 민심 환기 ⑪ 민간인 피해 최소화 ⑫ 제한된 목표 설정(도호쿠와 주부 중심 및 간토지방 일대와 도쿄의 EMP 탄) ⑬ 주 UN 대사 및 각국 공관을 통한 지속적인 담화와 교섭활동 전개 등이 결정적인 역할을 했다고 본다.

일본의 패배 원인은, 1945년 8월 15일 2차 세계대전에서 패한 후, 1950년 6월 25일 한국전쟁으로 인한 전쟁 특수를 오로지 홀로 흡입하면서 경제성장에 대박을 터뜨리며 세계 제2, 3위의 경제대국으로 성장 발전하는 동안 오직 국내정치는 정권 쟁탈에만 혈안이 되었고 그저 굴러 들어오는 국부(國富)는 곳간에 쌓아 두든지 국외 투자에 매몰되었다. 이 과정에서 국민정서는 국가발전과 일본 왕을 바라보는 군국주의적 사고방식으로 전환되어 시스템으로, 매뉴얼로 국민을 다스리는 정형화된 국가로 만들어 놓았다. 그러나 밀려들어오는 서구 문화로 인해 국민의 다양성은 날로 변하기 시작 했고 국가보다는 개인의 영달을 더 중요시하는 자유분방한 세대들이 부쩍 늘어나기 시작하면서 일본열도는 국가안보에 관한한 안전하다. 더욱이 미일 동맹체제가 굳건히 돌아가고 있다는 정부당국자들의 호언장담에 더더욱 온 국민이 '안보 태평천국시대'로 빠져 들어가게 되어 그 세월이 수십 년이 지속되다 보니 국가안보위기 설에 대해서 이제 더 이상 그 누구의 말도 신뢰하지 않는 '국가안보 절벽의 시대'로 들어가게 된 것이다. 급기야는 '전쟁'이란 말은 남의 동네 얘깃거리에 거치고 북조선이 미사일을 펑펑 쏘아 올려도 어디서 불꽃놀이 하는 정도로 즐기는 상태에 들어가 있었다. 북조선은 일본열도 현지의 '생생한 국민안보 정서'를 꿰뚫고 있었고, 일본 해안선을 제 집 드나들듯 하였으며, 공직사회, 정치판, 군대, 경찰, 국민에 이르기까지 깊숙하고 넓게 물들은 '국가안보의 나약한 구석'을 발견하게 되자 '김정은 원수의 대 야망'을 펼치기로 결심한 것이다. 좀 더 노골적으로 표현하자면, 북조선은 마치 열흘 굶은 호랑이 같고, 일본은 우리 안에서 영양가 있는 사료를 공급 받으며 유유자적(悠悠自適)하는 사슴과 같은 형세였다.

① 우리 특수전부대원과 일본열도 내 혁명동지들이 용이하게 활동할 수 있도록 조성된 일본의 태평한 안보환경 ② 홀대 받는 일본 공안요원들의 자신감을 상실한 느슨한 복무태도 ③ 싸우면 반드시 이겨야 한다는 야전적 기질 부족 ④ 위기 상황별 대처 능력이 부족하여 전 국토 동시전장화에 대한 개념 자체가 없음 ⑤ 하사관 중심 편성으로 사 즉 생(死卽生)의 국가관 부족 ⑥ 일본열도 주둔 미군과 가족들이 고립됨으로서 일본에 대한 미 의회와 국민, 미군들의 신뢰감 상실 ⑦ 저강도전쟁(비정규전) 준비 소홀 ⑧ 육, 해, 공군의 자군 중심적 사고와 이를 융합시킬 수 있는 능력 부재로, 해, 공군 피습 시 육군지상군의 합동작전 전무

⑨ 지방자치단체 별 이기주의에 함몰되어 모든 해안선이 무방비 상태로 노출 ⑩ 일본 인민들의 신고정신, 감시정신이 승화되지 못하고, 개인 이기주의에 지배되는 풍조 만연 등을 들 수 있다.

끝으로 패배를 접한 일본 인민들의 회한을 그려 보기로 했다. 지금쯤이 처참한 현실에 대해 무슨 생각을 하고 있을지 무척 궁금하다. 일본식 사고로 표현을 해 보자면, 만감이 교차되면서 공황 상태로, 다투어 나름의 정보를 수집하고, 그동안 군대를 믿지 못하고 정치지도자와 정치인, 무책임한 논객들의 언어유희에 빠져들어 느슨할 때로 느슨해졌던 자신들을 탓하고 있을게다. 이제 내 재산은, 자식은, 직업은, 앞날은 어떻게 될 것인지 나름대로 자본주의식 계산기를 두들기고 있을게다. 그렇게 긴밀한 우호 관계를 유지해 왔다든 미국은이 지경에 놓일 때까지 어떻게 된 것이며, 한국과의 돈독한 국제관계유지는 왜 하지 않아 우리가 이렇게 될 때까지 꿈적도 하지 않았을까. 냉엄한 국제관계 현실이 모두를 송두리째 앗아 가버리고, 멀건이 배 떠난 부두에서 포말(泡沫)만 바라보는 신세가 되어 남몰래 가슴만 치고 있을게다.

일반적으로 한 국가의 평화란 그저 오는 것이 아니고 준비해야 하고, 힘을 길러야 하고, 좋은 나라와 우호관계를 맺어야만 하고, 국가안위에 관해선 너 나 없이 똘똘 뭉쳐야만 하고, 무엇보다 앞서 챙겨야 하는 것은, 군대를 신뢰하고 국제정세의 흐름에 귀 기울이며 '국가안보의 공감대'가 형성되어야만, 비로소 평화가 찾아온다는 것을 뒤늦게 후회 하고 있을 게다. 그래서 값 비싼 대가를 치른 후에야 겨우 산 경험을 축적 하게 되었다는 자성을 하고, 앞으로의 변화 추이에 골독(汨篤)하고 있을 게다.

제6부

결 론

결 론

세계사적으로 본 전쟁의 결과는 늘 비참했고, 승리자라고 해서 포효(咆哮 : 인간이나, 짐승이 난리를 겪고 나서 거칠고 세게 내는 소리)만 내 지를 수 없는 것이 전쟁의 실상이다.

피비린내 나는 인명의 손실, 엄청난 국부(國富)의 손실 그리고 전후 복구 등 1차 세계대전에서 1천만 명, 2차 세계대전에서 2천만 명, 중국 국공내전에서 3천만 명, 한국전쟁에서 남북한 도합 520여 만 명 등 이루 말할 수 없는 참상이 벌어졌었다.

그래서 **전쟁을 일컬어 인류 최악의 비극**이라고 말한다.

필자는 이러한 비극의 전철을 다시는 밟지 말아야 한다는 의지로 집필에 들어갔으며, 앞으로 전쟁 개연성이 있는 당사자들을 소재로 끌어드려 평소 필자가 지니고 있는 전쟁에 관한 전문지식을 보다 리얼하게 펼쳐 보았다.

먼저 사죄를 드려야 할 부분은 애꿎게 일본 도호쿠(東北)지방과 주부(中部)지방 거주 주민들에게 지역 명칭을 그대로 인용하면서 전쟁의 참혹한 현실에 대상으로 삼은 것에 대해, 깊은 사죄의 말씀을 올리고자 한다. 한편 위로를 드리고 싶은 것은 이렇게 한번 노골적으로 거론이 되고나면 그곳은 절대로 전쟁목표로 삼지 않는다는 점을 분명하게 말 해 둔다. 이것은 빈말이 아니고 인류 전쟁 역사에서 '전쟁 천재'들이 전쟁을 기획할 적에 한 번 실행에 옮긴 것은 두 번 다시 그것을 반복하지 않는다는 철칙이 있다는 점이다.

참고로 필자의 베트남전쟁 참전경험을 간략하게 소개해서 위 사실을 간접적으로 바유해 보기로 한다. 필자가 부하들을 인솔하고 수(數)도 헤아릴 수 없는 매복이나 수색작전을 하기 위해서 기지(基地)에서 출발해 작전지역으로 들어갈 때와 복귀할 때에 이동하는 경로를 단 한 번도 같은 경로를 이용한 적이 없었다. 정글지대이지만 나름 여기저기에 소로(小路)가 나 있지만 일부러 새로운 정글지대를 뚫어서 병력을 이동시켰다. 좋은 길에서 수시로 역 매복을 당한다든지, 부비트랩(booby-trap: 은폐된 폭발물 장치) 같은 매설물에 아군이 피해를 당한 전례(戰例)가 있기 때문에 일부러 어려운 코스를 선택한 것이다.

필자는 이 때 반드시 부하 장병들을 집합시켜서 작전지역 환경을 설명해 주고 꼭 빠트리지 않는 것은, 이동 경로를 새로이 개척하며 나아가야 한다는 점을 미리 알려주고(정글지대의 수목 구성이 가시넝쿨이 많아서 찔리고, 전진 속도가 두 배 이상 소요 됨, 따라서 무척 고생이 심하다는 것을 모두 알고 있음) 이 어려운 길을 선택하는 것은, **너희들이나 여기 소대장 모두가, 살아서 다시 고국 땅을 밟고, 부모형제를 만나기 위한 소대장만이 체득한 '신의 한 수'라는 것을 강조**하고, 힘들지만 나를 따르도록 했다. 부하들은 기꺼이 따라 주었고, 그 결과 필자는 그 치열했던 전쟁터에서 **단 한명의 부하 목숨도 잃지 않았고, 모두 귀국하였다.** 돌이켜 생각해 보면, 경미한 부상자 한명도 없었든 지난날의 전투경험이 무척 자랑스럽게 여겨질 때가 있다. 한 가지만 더 부연하면, 모든 전투에서 필자는 늘 소대원의 최선두에서 진두지휘 했었다.

베트남 전쟁 특징 중에 하나가 정글 속에서의 '방향유지와 정확한 지점 찾는 것'으로써 이것 잘못하면, 부하들을 엄청 고생시킬 뿐만 아니라 사지(死地)로 몰아넣을 수도 있고, 부하들로부터 신뢰와 존경심까지 다 잃게 되어 결국은 전투지휘를 못 하게 될 수도 있기 때문이다.

잠시 베트남 전쟁 경험을 얘기한 것은, 일본열도의 실제 지명을 '**핵 투발지역**'의 소재로 선정한 것에 대해, 전쟁 경험이 있는 안보 전략 전문가의 사례를 토대로 알려드림으로써 마음 적으로 위로를 드리기 위한 것이다.

전쟁이란 부지불식간에 벌어지게 된다. 선전포고가 되리라는 안이한 생각을 버려야만 한다. 과거 미국과 이라크 전쟁 시에는 미국이 약 1개월 전부터 공격을 경고했었다. 이는 절대적 군사력을 가진 측에서 약자에게 행하는 것으로써 있을 수 없는 일이다.

과거 2차 세계대전 당시에 일본이 미국의 진주만을 공습한 것 역시 기습이고, 미국이 히로시마와 나가사키에 핵폭탄을 투하한 것도 기습이다. 기습공격은 정상적인 군사력에 비해 5~10배의 상승효과를 노릴 수 있는 최상의 공격작전 형태이다. 그래서 각국은 모두 기습을 당하지 않기 위해 각종 고도의 조기경보체제를 갖추려 하고, 상대국가에 휴먼트(human intelligent : 인위정보) 수단을 두려고 한다.

본서에서 일본이 기습을 당함으로써 일본 자체는 물론이고 주일 미군까지 함께 피해를 본 셈이 된다.

아울러 본서의 전쟁 상황에서, 북한이 약 1년여에 걸쳐 진행한 평화공존전술(위장 평화전술)에 일본 정부 당국이나 국민 모두가 정신 줄을 놓음으로써 가만히 앉아서 속수무책으로 당하고 만 것이다.

전쟁에서 꼭 승리해야만 하는 측은 그 절박감이 상상을 초월할 정도로 비상한 수단을 다 동원하게 되어 있다. 그래서 국가는 늘 정보기관을 소중하게 관리하고 운영해야 하며, 정권이 바뀐다고 해서 조직과 편성을 마구 흔들게 되면 결국은 그 피해는 고스란히 국민에게 돌아온다는 것을 명심할 필요가 있다. 본서에서는 일본이 이 모든 것을 잃은 것으로 상정해 보았다. 최근에 한국과 일본이 정보교류협정을 맺은 것은 안보환경이 엄중한 동북아시아에서 큰 역할을 하게 될 것임으로 양국이 이 협정을 잘 유지관리 해야만 한다.

아울러 '북방 삼각관계(북, 중, 러)'는 잘 돌아가고 있는데 비해 '남방 삼각관계(한, 미, 일)'는 파열음이 들리고 있다. 이 관계는 국력의 부강이나, 국제사회에서의 위상 정도가 문제가 아니고 어느 한 쪽이 무너지면 도미노현상이 일어난다는 것을 알아야 한다. 중국이 북조선의 망나니 행동에도 불구하고 UN에서의 각종 제재에 몸소 방패막이를 해 주는 것은 북조선이 무너지면 중국도 러시아도 어렵다는 것을 방증하고 있듯이, 남방 삼각관계 역시 관계가 삐거덕 거리기 시작하면 삼국 모두가 피해를 입게 되어 있다. 본서의 전쟁 상황 역시 필자는 남방 삼각관계의 중요성을 강조하기 위한 면이 있다. 만약 한국이 북한의 핵 투발 위협에도 굴하지 않고 군사력을 움직일 조짐을 보였다면 '**북조선의 일본열도 기습 핵공격**'은 상상 조차 하기 힘들게 되어 있다. 이러한 금쪽같은 이웃이 같은 자유민주주의체제를 유지하면서 정체성을 같이하고 있는데 사사로운 국가이익 또는 정치적 이익 때문에 '동맹관계 유지'를 하지 못하고 있다는 것은 양국 국민들에 대한 기본적인 예의가 갖추어져 있지 않다.

국제관계는 오늘의 적이 내일 우군이 될 수도 있고, 어제까지의 적이 오늘 우군이 될 수도 있다고 하듯이 국가안보는 생물처럼 늘 꿈틀거리며 흘러가고 있다. 특히 한국과 일본 관계는 '**걸출한 정치명장**'이 빠른 시간 내에 나타나서 모든 난제를 '패키지'로 즉 한 보따리로 두루뭉수리하게 묶어서 '배치 프로세싱(batch processing: 일괄 처리)'하는 통 큰 결단이 있어야 한다. 만약 '한반도 통일 시대'가

먼저 도래하게 된다면, 한국과 일본은 남방 삼각관계에 걸맞은 정상적인 국교관계는 점점 더 멀어지게 되어 있다. 이유는 설명하지 않아도 잘 알 수 있기 때문에 필자의 부연 설명이 없어도 된다.

본서에서 위력을 발휘한 북한의 대량살상무기(핵, 미사일, 화생무기)의 경우에 그간 5차 핵 실험과 50여회의 미사일 발사 실험을 통해서 증명 했듯이 이미 일본열도는 물론이고 미 본토까지 이를 수 있는 능력을 확보 했다고 보아야 한다. 특히 북한이 자랑하는 SLBM의 실험 성공은 더욱 위협적인 존재이다.

필자의 판단으로 바라본 이 모든 비대칭전력에 대한 해결 방안은 지금까지의 제재 방안을 훨씬 뛰어 넘는 비상한 수단을 강구하지 않고는 백약이 무효가 되어버렸다. 6자회담?, 무역/금융제재?, 인력송출 제한?, 중국을 통한 제재? 등, 이 모두는 허상이다. **중국이 버티고 감싸는 한은 백약이 무효이다.** 중국은 북한이 무너지게 되는 것을 엄청난 시련과 고통이 따른다는 생각을 하고 있기 때문이다. 실제로 중국의 민낯을 소상하게 들여다보면 큰소리는 치고 있지만 곳곳에 허점투성이로 범벅이 되어 있다. 일예로, 중국 자체의 성장 동력이 3% 이하로 떨어지게 된다면 도시로 집중되어 있는 도시 난민들의 폭동을 잠재울 대책이 없다. 13억 7천의 중국 국민 대부분이 공산주의체제 아래 살고 있지만, 이미 알게 모르게 자본주의 시장경제체제에 완전히 물들어 버렸기 때문에 이걸 되돌린다는 것은 죽는 것 보다 더 힘들게 되어 있다. 최악의 경우,

중국이 한반도 전쟁에 '중 · 조 우호협력 및 상호원조조약'을 근거로 참전을 한다든지, 한국을 상대로 선제공격을 감행하고, 한국이 대응공격을 한다든지 하여, 중국대륙이 전쟁의 화마에 휩싸이게 되면 지금까지 쌓아올린 모든 경제적 성과는 물거품이 되고 다시 30여 년 전으로 되돌아가게 된다. 이렇게 되면 정권은 무조건 바뀔 것이고, 전 국토는 대혼란의 구렁텅이에서 소수민족은 모두 독립을 외칠 것이다, 전쟁 난민, 경제공황에 따른 난민이 국경을 넘고 거리를 꽉 채우게 될 것이다. 중국은 이것을 잘 알고 있고 그래서 말로만 엄포를 놓고 있다.

따라서 **첫째, 북한이 손발을 들 수 있도록 어떻게든 미국과 EU 등이중국을 옥죄어 중국이 북한을 다시 옥죌 수 있도록 해야만 가능하다.** 중국으로 하여금 미군이 주둔하고 있는 자유대한민국과 국경을 마주해도 중국의 생존에 아무런 문제가 되지 않고 오히려 고도성장에 더욱 보탬이 된다는 확신을 심어 주어야 하고, 이를 위해서 한국과 미국처럼 한국과 중국이 동맹관계를 유지 하도록 미국이 나서서 인도해 주어야 한다. 최근 중국이 미국에게 고개를 치켜세우고 있지만, 경제력과 군사력 면에서 미국을 따라가려면 족히 30여년은 지금의 속도로 맹추격을 해야만 하기에 결론적으로 요원하다고 보면 된다

두 번째 대안으로, 미국과 북한이 정상회담을 통해서 국교 수교를 하는 것이다. 미국은 북한에게 체제수호를 보장해 주고, 각종 인프라 구축을 지원해 주면서 유류, 식량 등을 제공해 주는 것이다.

북한은 대량살상무기 전면 해체와 IAEA와 NPT에 재가입하고, 개혁개방을 약속해야 하며, 각지에 있는 교화소 해산과 북한에도 미군 주둔을 약속하는 방안이다. 이렇게 되면 남북한 자력으로 통일의 길을 모색하는 길은 멀어지고 조금은 더디겠지만, 미국이 주도하는 자본주의 시장경제체제로의 한반도통일이 될 것이다.

일부 방책으로, UN 안보리에서 한반도를 오스트리아와 같은 중립국가로 승인 한다는 식은 임시변통 적이기도 하지만 국제질서에 있어서 강력한 힘을 가진 국가가 중립국가를 먼저 선점해 버려도 아무런 대책이 없기 때문에 이것은 방법이 아니고 회피성이다. 위험하고 난제들이 복병처럼 많이 도사리고 있지만 전향적으로 검토해 볼 필요가 있다.

이제 본서를 마무리 하려고 한다.

난해한 주제였지만, 어떻게든 핵을 이용한 전쟁은 절대적으로 막아야 되겠다. 그리고 북한이 보유하고 있는 대량살상무기를 완전히 제거해야만 되겠다는 필자의 의지 표명이, 이 책을 읽는 모든 분들에게 보다 신선하게 전달이 되었으면 하는 간절한 바람이 있고, 아울러 국가는 국민의 생명과 재산을 보호하고 영토를 보위하기 위해서 늘 준비하는 자세를 갖추어야하며, 국내외 안보환경이 어떻게 조성되든 결코 간과하지 말아야 하는 것은 '**북한 국가전략의 최우선순위가 무력에 의한 적화통일**'이라는 것을 가슴 깊이 새겨두길 바라는 마음으로 본서를 출간하게 되었다.

미국과 일본이 동맹을 맺고 있고, 상호 방위협력체계가 잘되어 있으며, 평소 수회에 걸쳐 연합훈련까지 한 것으로 알고 있으나, 전쟁이란, 이론과 실제가 다른 법이라 불어닥치는 전쟁감응을 소화하지 못하면 모두 자기 잇속만 챙기게 되어 있다. 말하자면, 국가는 현실적인 국가이익인 자국민의 안전을 최우선으로 앞세우고, 개인은 명예며 직위이며 모두 내동댕이치고 자기와 가족의 생명과 재산 보호에만 열중하게 되어 있다.

우리는 바로 이점을 노린 것이다. 태풍과 지진 그리고 해일과 미 대륙의 토네이도가 함께, 휘몰아치듯 눈 깜짝할 사이에 지나가버리면 모두 공황상태에 빠져버려 전의를 잃고 실신해서 그냥 털썩 주저앉아버리게 된다.

일본열도 핵 전쟁

초판 발행일 2017년 4월 27일
저 자 정진호
발행인 정진호
발행처 도서출판 星山

등 록 제 1998-000024 호(1998년 4월 25일)
주 소 서울특별시 용산구 서빙고로 237
전 화 (02)-792-0232
팩 스 (02)-792-2475
메 일 rispa8807@naver.com
ISBN 978-89-969280-2-7 93390

값 : 18,000원
• 파본은 바꿔 드립니다.